Ausbruch aus der Komplexitätsfalle

Uwe Rotermund

Ausbruch aus der Komplexitätsfalle

Leitfaden zum selbstorganisierten Zusammenarbeitsmodell für Manager und Macher

 Springer Gabler

Uwe Rotermund
noventum consulting GmbH
Münster, Deutschland

ISBN 978-3-662-62927-7   ISBN 978-3-662-62928-4 (eBook)
https://doi.org/10.1007/978-3-662-62928-4

Die Deutsche Nationalbibliothek verzeichnet diese Publikation in der Deutschen Nationalbibliografie; detaillierte
bibliografische Daten sind im Internet über http://dnb.d-nb.de abrufbar.

Springer Gabler

Springer Gabler ist ein Imprint der eingetragenen Gesellschaft Springer-Verlag GmbH, DE und ist ein Teil von
Springer Nature.
Die Anschrift der Gesellschaft ist: Heidelberger Platz 3, 14197 Berlin, Germany

Einleitung

Im Herbst 2019 hatte ich die Freude, in einer feinen Tagungslocation am wunderschönen Tegernsee auf der Jubiläumsbankenfachtagung eine Keynote zum erfolgreichen Umgang mit Komplexität zu halten. Mein Anspruch dabei war es, die vielfältigen Konzepte, die ich in den letzten Jahren dazu kennengelernt hatte, mit konkreten Beispielen und Handlungsempfehlungen zu kombinieren. Für einen ersten Impuls ist das offensichtlich recht gut gelungen, denn nach meinem Vortrag war die Liste der Neugierigen lang. Sehr viele Zuhörende hatten mir in den Pausengesprächen und am bayerischen Abend mitgeteilt, dass sie nach der Brücke zwischen den allgemeinen agilen Konzepten und der konkreten Organisationsgestaltung im eigenen Unternehmen suchen. Zuerst war ich geneigt zu sagen, dass dies jedes Unternehmen für sich selbst erarbeiten muss. Das wäre durchaus korrekt gewesen. Statt mich auf Allgemeinplätze zurückzuziehen, entschloss ich mich jedoch, mir vertraute bewährte Organisationsmaßnahmen als „Kopiervorlage" kurz darzustellen. Der Anfangsimpuls für dieses Buch war damit gegeben. Wie wäre es, wenn ich nicht nur einzelne Good Practices zum erfolgreichen Umgang mit Komplexität gäbe, sondern eine sehr konkrete, praktikable und vollständige Rezeptur zusammenstellen würde? Ja, den Versuch wollte ich unternehmen. Mein Entschluss stand fest.

In den Folgemonaten hatte ich daraufhin in einigen weiteren Vorträgen, in Organisationsprojekten und in -Seminaren (Corona lässt grüßen) die Idee der vollständigen, ganzheitlichen und konkreten Organisationsrezeptur auf Basis vielfältiger Konzepte weiter erprobt. Die Resonanz war sehr ermutigend. Ich hatte wohl einen Nerv getroffen, insbesondere da inzwischen das Führen auf Distanz ein weiterer Komplexitätstreiber geworden war. Mir ist die Herausforderung meines Versprechens eines Leitfadens sehr wohl bewusst und ich habe einen großen Respekt vor der Herkulesaufgabe der Gestaltung einer modernen Organisation. Und doch halte ich es für sinnvoll und zielführend, konkrete Organisationsvorschläge zu machen, die sich in vielen Kundenprojekten und nicht zuletzt im eigenen noventum-Labor bewährt haben.

An dieser Stelle möchte ich kurz meinen biografischen Hintergrund verdeutlichen, woraus sich viele Elemente meiner Haltung erklären. In den ersten 15 Jahren meines Berufslebens habe ich in hierarchisch strukturierten Unternehmen gearbeitet und das Demotivationspotenzial solcher Strukturen erlebt. Gut ging es mir, wenn Vertrauen und selbstständiges Arbeiten möglich waren. Dann wuchs ich über mich hinaus. Aber immer, wenn meine Ideen in der Pyramide versandeten oder wenn ich Ärger bekam, weil ich unbeabsichtigt meine Kompetenzen überschritten hatte, fühlte ich mich schrecklich hilflos und unmündig. Aus dieser Welt brach ich nach 15 Jahren aus und suchte mein Heil in der Beratung, erst als angestellter Niederlassungsleiter und Jahre später als Unternehmer im Rahmen eines Management-Buy-out. Daraus ist das Unternehmen noventum entstanden, das ich von Beginn an nach den Prinzipien von Vertrauen, Autonomie, Transparenz und Augenhöhe geführt habe. Mit Erfolg! Die Mitarbeitenden der ersten Stunde, denen ich unendlich viel zu verdanken habe, haben ihre Freiheiten genutzt und gemeinsam haben wir ein stattliches Unternehmen aufgebaut, das unter anderem in den Jahren 2010 bis 2012 vom Great Place to Work® Institut als bester Arbeitgeber Deutschlands ausgezeichnet wurde. Heute sind bei noventum 115 Mitarbeitende angestellt, sie bestätigen in anonymen Umfragen zu 98 %, dass das Unternehmen ein ausgezeichneter Arbeitgeber ist, der kununu-Score liegt bei 4,6 (Stand: 22.10.20), die Kunden bestätigen in Befragungen zu 100 % ihre Zufriedenheit und das Unternehmen erwirtschaftet regelmäßig und nachhaltig anständige Gewinne. Sukzessive hat sich das Unternehmen noventum mit zukunftsfähigen Organisationsmodellen vertraut gemacht und diese in den Unternehmensalltag überführt.

Dieses Buch richtet sich an alle Menschen, die mitwirken wollen bei der Gestaltung einer Organisation, in der Vertrauen, Leistung, Verantwortung und Freude gleichermaßen erlebbar sind. Eine Organisation, die Hamsterrad und Komplexitätsfalle überwindet.

Bücher und Organisationssysteme zum Umgang mit Komplexität und subjektiver Überforderung gibt es wie Sand am Meer. Einige für mich prägende Werke und Konzepte werde ich in Kap. 2 kurz beleuchten. Nahezu jedes Werk bzw. jedes Konzept ist in sich schlüssig, besteht aus einer Vielzahl von Spielregeln und Wirkzusammenhängen, verbunden mit dem Appell an die Menschen, sich entsprechend der neuen Spielregeln zu verhalten. Manche dieser Bücher fokussieren sich darauf, die Menschen anzuklagen, die die neuen Spielregeln nicht anwenden und damit ein neues zukunftsfähiges Organisationsmodell boykottieren. In diesen Chor möchte ich nicht einstimmen. Generell glaube ich, dass man sich in dem Spannungsverhältnis von altbewährten und neuen Organisationsspielregeln nicht für die eine oder andere Seite entscheiden muss und sollte. Es ist kein Entweder-oder und ich wünsche mir Gelassenheit in der Auseinandersetzung zwischen und mit beiden Polen. Es geht immer um eine Abwägung, um eine verhältnismäßige Einführung neuer Spielregeln auf Basis bestehender Strukturen. Ziel sollte es sein, im Dialog zu bleiben und weder diejenigen anzuzweifeln, die nicht sofort für alle neuen Spielregeln brennen, noch diese Mitarbeitenden bereits zu Beginn des Veränderungsprozesses abzuhängen oder sie zu denjenigen zu machen, mit denen zu sprechen sich schon nicht mehr lohnt. Außerdem akzeptiere ich, dass die Dinge so sind, wie sie sind und gehe davon aus, dass es gute Gründe dafür gibt, dass sie so sind. Ich wertschätze und würdige explizit das, was da ist und sehe dies als Ausgangspunkt einer Weiterentwicklung, für die sich Menschen entscheiden, weil sie glauben, dass es sich für sie lohnt. Dass sich die Transformation hin zu einem neuen Organisationsmodell lohnt und wie man dort hinkommt, möchte ich in diesem Buch anhand von echten und konkreten Beispielen verdeutlichen.

Das Ausbrechen aus fest gefügten oder scheinbar erfolgreichen Verhaltensmustern in Organisationen kann nach meiner Einschätzung nur gelingen, wenn die Mächtigen dies unbedingt wollen und aktiv fördern. Die Mächtigen, das sind diejenigen, die per Gesetz die Entscheidungshoheit in den Organisationen haben, also konkret die Vorstände, Geschäftsführenden oder ähnliche Funktionstragende. Deren Glaubenssätze sind entscheidend für die kulturelle Transformation hin zu einem System, mit dem Komplexität besser bewältigt werden kann und Überforderung vermieden wird. Diese notwendige Voraussetzung ist jedoch nicht hinreichend. Gut gemeint ist nicht automatisch gut gemacht. Die Mächtigen benötigen erstens ein klares, attraktives Zielbild, zweitens einen guten Werkzeugkasten zur Transformation, drittens die Fähigkeiten, diesen Werkzeugkasten wirkungsvoll anzuwenden und viertens ein Team, das ihnen dabei hilft.

Ein wichtiger Schritt in der Transformation ist die glaubwürdige eigene Entmachtung. Vom Chief Executive Officer zum Chief Empowerment Officer. Vom Commander zum Servant Leader. Wenn sich das für den Mächtigen bzw. die Mächtige gut anfühlt, besteht eine echte Chance auf Veränderung. Vollständiger Weise sei hier angemerkt, dass die Mächtigen de jure ihre Macht nicht aus den Händen geben. Sie verzichten lediglich temporär auf die Ausübung von Macht, weil sie glauben, dass es sich für sie persönlich und für die Organisation lohnt. Dieser temporäre Machtverzicht muss von hoher Glaubwürdigkeit geprägt sein, damit er wirkt. Wenn die Menschen in der Organisation darauf vertrauen können, dass die Mächtigen die Macht aus tiefster Überzeugung nicht anwenden, ist dies erreicht.

Dieses Buch richtet sich also primär an die Mächtigen, insbesondere solche, die schon Überzeugungstäter bzgl. der Nichtausübung von Macht sind und die pragmatisches Handwerkszeug und praktische Erfahrungen zur Gestaltung einer zukunftsfähigen Organisation suchen. Es richtet sich auch an alle Mitarbeitenden von Organisationen, die diesen Überzeugungstätern bei der Transformation aktiv zur Seite stehen. Und ganz besonders möchte ich mit diesem Buch die Zweifelnden unter den Mächtigen ansprechen, die sich noch nicht sicher sind, ob es sich für sie lohnt, ihre Macht temporär zu tauschen mit Wirkung. Ja, darum geht es. Wirkung statt Macht. Fühlt sich das gut an?

Für mein Unternehmen noventum habe ich ein Destillat aus vielen modernen Organisationskonzepten erzeugt und angewandt. Auch analysiere ich immer neugierig die Erfolgsmuster befreundeter Unternehmen. Die daraus gewonnenen Erkenntnisse teile ich in diesem Buch. Mir ist dabei bewusst, dass es schwierig ist, in einer Organisation klare Ursache-Wirkungs-Zusammenhänge zu formulieren. In Organisationen arbeiten schließlich Menschen mit vielfältigen Bedürfnissen. Das macht die Sache komplex. Einfach gestrickte Kausalketten funktionieren in modernen menschenorientierten Organisationen nicht. Ich habe daher versucht, viele Perspektiven einzunehmen, viele Menschen einzubeziehen und selbst immer schön durchlässig zu bleiben.

In meinem Buch „Glücklich Führen" (Rotermund 2013) habe ich den systematischen Weg hin zu einer fest verankerten Vertrauenskultur beschrieben. Zu allem, was ich dort beschrieben habe, stehe ich nach wie vor mit voller Überzeugung. Vertrauenskultur lohnt sich für alle Stakeholder und ist die zwingende Voraussetzung für freudvolles und

erfolgreiches Wirtschaften in einer komplexen Umwelt. In den letzten 7 Jahren ist mir jedoch zunehmend deutlich geworden, dass es zusätzlich auch eine ausgeprägte Leistungs-
und Verantwortungskultur braucht. Darauf will ich mich hier in meinem zweiten Buch
fokussieren.

Aufgebaut ist dieses Buch wie folgt:

- Im ersten Kapitel beschreibe ich, warum viele der etablierten Organisationssysteme
  nicht mehr in unsere heutige komplexe Welt passen und welche Haltung hilft, mit
  Komplexität erfolgreich umzugehen.
- In Kap. 2 betrachte ich einige der verbreitetsten Organisationskonzepte namhafter Autoren und Systemarchitekten.
- Im dritten Kapitel nehme ich die Annäherung meines Unternehmens noventum consulting im Sinne von „Best-of-Breed" an diese Konzepte vor. Dabei werde ich insbesondere auf die Bedeutung folgender Punkte eingehen: Vertrauenskultur, klare Ver-
  antwortungsstrukturen, schlanke Entscheidungsprozesse, starkes Leitbild, Objectives
  und Key Results, agile Methoden und motivierende Feedbacksysteme.
- Die etablierten Konzepte anderer Unternehmen, die viel im Thema Selbstorganisation
  erreicht haben, beschreibe ich in Kap. 4. Dies hilft, den Blick zu weiten und Muster zu
  erkennen. Ich habe mit den Mächtigen von Unternehmen verschiedener Größen, Bran-
  chen und Unternehmenskulturen gesprochen. Dies sind:
  - Michel Billon, Geschäftsführer der Hanseatic Bank GmbH & Co. KG
  - Hagen Rickmann, Geschäftsführer Geschäftskunden der Deutschen Telekom AG
  - Claus Friedrichs, Geschäftsführer von sepago GmbH
  - Erdal Ahlatci, ehemaliger Geschäftsführer von movingimages EVP GmbH
  - Robert Holtstiege, Geschäftsführer von orderbase consulting GmbH
  - Martin Beyer, Vorstandssprecher der Fiducia & GAD IT AG
  - Marcus Loskant, IT-Vorstand der LVM Versicherung
  - Gunnar Sander, Geschäftsführer von Buurtzorg Deutschland Nachbarschafts-
    pflege gGmbH

All diese Unternehmen haben eine klare Strategie zur Modernisierung ihrer Organisation und haben dabei schon eine Reihe von Erfolgen zu verzeichnen. Es wird aber auch
insbesondere bei den Beispielen großer Unternehmen deutlich, dass der Kulturwandel ein
„dickes Brett" ist, das es zu bohren gilt.

- Den Transformationsprozess hin zu einem System, das die Kräfte der Mitarbeitenden
  entfesselt und sehr gute Voraussetzungen bietet, mit Komplexität umzugehen, beschreibe ich in Kap. 5. Dabei lege ich großes Augenmerk auf das Changemanagement
  und die agile Organisationsentwicklung.
- Schließlich ziehe ich in Kap. 6 mein Fazit und nehme eine Nutzenbewertung vor.

Den gewinnorientierten Lesenden möchte ich an dieser Stelle schon einmal verraten, dass ich die Erfahrung gemacht habe, dass selbstorganisierte Organisationen in einer komplexen Umgebung meist anständige Gewinne erzielen. Gewinne sind jedoch in meinem Weltbild nicht Ziel dieser Organisationen, sondern Beweise guten Wirtschaftens und Voraussetzung für die weitere sichere Entwicklung. Gewinne sind wie Luft. Man braucht sie zum Leben, aber man lebt nicht, um zu atmen.

Ich habe dieses Buch bewusst kurz und prägnant gehalten und auf umfassende Erklärungsschleifen verzichtet. Sollten sich für die Lesenden manche Zusammenhänge nicht vollständig erschließen, freue ich mich auf eine persönliche Diskussion.

Inhaltsverzeichnis

Gefangen in der Komplexitätsfalle – eine Bestandsaufnahme

1

1.1 Überhitzte Organisationen und hierarchische Organisationsmodelle

In vielen Gesprächen mit Führungskräften und Experten höre ich Klagen bzgl. Überlastung von Personen und Organisationen. Die Menschen fühlen sich oft wie im Hamsterrad. Je mehr sie versuchen, die vielfältigen Aufgaben zu bewältigen, desto schneller wächst der Berg. Der Sprung aus dem Hamsterrad im Sinne von gefühlter Befehlsverweigerung ist für verantwortungsbewusste Menschen keine Option. Sie fühlen sich als Opfer der Umstände, als Opfer von fordernden Führungskräften, als Opfer von kranken Systemen. Tatsächlich haben sich die Umstände für Organisationen signifikant verändert und die Systeme, d. h. Organisationsmodelle in Unternehmen, haben sich meist nicht in erforderlicher Weise angepasst. Die über viele Jahrzehnte bewährten Organisationsmodelle passen immer weniger in die heutige Welt und das führt zu Überforderung und Ineffizienz. *Hierarchische Organisationsmodelle, die perfekt in die Industriekultur gepasst haben, erweisen sich als viel zu langsam und zu unmenschlich für das 21. Jahrhundert,* in dem die Wissenskultur die Überhand gewinnt. Und mit dem steigenden Wissen entsteht Komplexität.

1.2 Das Wesen der Komplexität

Komplexität bedeutet, dass klare Ursache-Wirkungs-Ketten verloren gehen. Selbst mit einer noch so akribischen und gründlichen Planung sind viele Ergebnisse nicht mehr vorhersehbar. Die Anzahl der Einflussfaktoren ist einfach zu hoch. *Noch mehr Planung und*

U. Rotermund, *Ausbruch aus der Komplexitätsfalle*,
https://doi.org/10.1007/978-3-662-62928-4_1

Kontrolle – ein typisches Reaktionsmuster der Industriekultur – erhöht den Aufwand, ohne dass eine Ergebnisverbesserung eintritt und führt damit zu deutlichem Effizienzverlust bei gleichzeitigem Verlust der Arbeitsfreude. Dann müssen wir die Komplexität reduzieren, meinen einige Organisationsverantwortliche. Das ist ein netter Versuch, der jedoch zum Scheitern verurteilt ist. Komplexität kann man nicht reduzieren. Sie ist einfach da und kann nicht durch Organisation beseitigt werden. Wesentliche Treiber für Komplexität sind die Megatrends:

- **Individualisierung:** Mitarbeitende und Kunden haben höchst individuelle Erwartungen, denen Unternehmen gerecht werden müssen, um erfolgreich zu bleiben.
- **Konnektivität:** Jeder ist mit jedem über das Internet vernetzt. Menschen mit Menschen, Menschen mit Maschinen und zunehmend Maschinen mit Maschinen. Die Anzahl der Verbindungen und Kommunikationsmöglichkeiten wächst exponentiell.
- **Digitalisierung:** Künstliche Intelligenz, das Internet aller Dinge, virtuelle und erweiterte Realität, 3D-Printing, Robotics, Biotech, Nanotech, autonomes Fahren u. v. m. bieten gigantische Möglichkeiten in rasantem Tempo.
- **Globalisierung:** Weltweite Wertschöpfungsketten und die Verzahnung von vielen Systemen mit höchst unterschiedlicher kultureller Prägung machen das Leben sehr unübersichtlich.
- **Ökologie und Klimawandel:** Zunehmend wird es für Unternehmen existenziell, Antworten auf die Fragen von Ökologie und Klimawandel zu haben. Mitarbeitende und Kunden erwarten klare Nachhaltigkeitskonzepte. Wer hier nicht liefern kann, wird es in Zukunft sehr schwer haben.

Auch weitere Megatrends, die vom Horx'schen Zukunftsinstitut in ihrer Megatrend-Dokumentation beschrieben sind, wirken sich komplexitätssteigernd aus. Diese Megatrends sind Gender Shift, Silver Society, Wissenskultur, New Work, Gesundheit, Urbanisierung, Mobilität und Sicherheit. Wenn man sich in der Megatrend-Map [*https://www. zukunftsinstitut.de/artikel/die-megatrend-map/*] und der Megatrend-Dokumentation die ca. 180 Subtrends und deren Vernetzung untereinander ansieht, ahnt man, wie vielfältig und komplex unsere Welt ist und wie demütig man bei Planungen und Voraussagen sein sollte (siehe auch: Horx 2014).

1.3   Auf Sicht fahren

Aktuell zeigt uns Corona auf, was Komplexität bedeutet. Die mit den Lockdowns verbundenen Konsequenzen waren nicht planbar, weitere resultierende zukünftige Verwerfungen sind es ebenfalls nicht. *Unternehmen erfahren zunehmend, dass sie „auf Sicht fahren" müssen, dass sie sich immer wieder auf neue Situationen einstellen und ihre Pläne immer wieder umschreiben müssen.* Etablierte Kontrollmechanismen werden wirkungslos und erzeugen sinnlosen Aufwand. Und gleichzeitig brauchen Organisationen bzw. die

Menschen, die in Organisationen arbeiten, einen starken Kompass. Wer „auf Sicht fährt", sollte zumindest die Richtung kennen. Für die Kombination des Fahrens auf Sicht und des starken Kompasses sind klassische hierarchische, pyramidenartige Systeme jedoch nicht gebaut. Sie sind wenig hilfreich und führen sogar zur Verschärfung des Problems. *Klassische Führung wird zum Flaschenhals und Motivationskiller. Viele Unternehmenslenkende haben das inzwischen gelernt und verstanden.*

1.4 Opfer haben recht

In klassischen hierarchischen Systemen arbeiten viele Opfer. Menschen, die Dinge tun müssen, die sie nicht tun wollen und die andere Menschen oder das ganze System dafür verantwortlich machen.

Opfer haben recht. Subjektiv. Aus ihrer Perspektive verhalten sich die anderen Menschen falsch. Wenn diese Menschen sich ändern würden, wäre die Welt besser. Aber warum sollten sie das tun? Sie sind ja ebenfalls subjektiv richtig und andere sind falsch. Jeder hat recht und ist gleichzeitig frustriert, dass sich die Verhältnisse nicht verbessern. Die Kultivierung dieses Opferverhaltens ist ein typisches Merkmal von hierarchischen Systemen mit einer schwach ausgeprägten Verantwortungskultur und mit wenig Vertrauen. Wie wäre es, wenn die Menschen wirklich verstehen lernen, dass jeder recht hat, obwohl die Wahrnehmung eines Sachverhalts sehr unterschiedlich ist (siehe Abb. 1.1)?

Müssen Menschen wirklich Dinge tun, die sie nicht tun wollen? Ich bezweifle das. Sehr selten muss man Dinge tun. Meist entscheidet man sich dafür, Dinge zu tun, weil sie die wenigsten Risiken und Nebenwirkungen erwarten lassen. Eigentlich müsste es heißen „Ich will dies tun, weil …" statt „Ich muss dies tun". Der Psychologe Jens Corssen drückt es so aus: „Ich bin da, wo ich sein will, denn alles andere ist mir in meiner Vorstellung zu teuer". Auch sagt er „Es ist, wie es ist". (Corssen 2004) Ich ergänze „… und es gibt gute Gründe, dass es so ist, wie es ist". Es hilft nicht, sich darüber zu beklagen, dass es ist, wie es ist. Akzeptanz ist eine wichtige Voraussetzung, um Verantwortung für eine Veränderung und Selbstverantwortung zu übernehmen. *Zeitgemäße Organisationsstrukturen und Unter-*

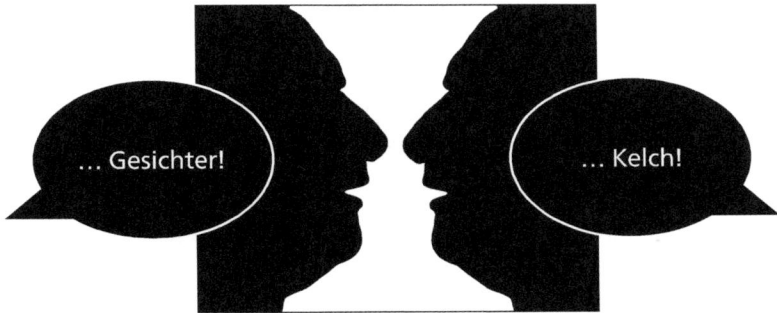

Abb. 1.1 Gesichter oder Kelch?

nehmenskulturen bieten kein Klima für Opfer, denn Opfer gestalten und verändern wenig. Ihre Energie geht in das „finger-pointing". Typisch für Opfer ist auch, dass sie keine Zeit haben, denn sie fühlen sich fremdbestimmt. Menschen mit einem hohen Grad an Selbstbestimmung sind auch Herr ihrer Zeit bzw. ihrer Prioritäten. Inwieweit Selbstbestimmtheit in Organisationen akzeptiert und gefördert wird, ist ein Kernelement der Unternehmenskultur. In zeitgemäßen Organisationen lohnt es sich nicht, Opfer zu sein. Sie erhalten keine Resonanz und verkümmern. Opfer haben recht, aber Macher gestalten. Und führen dabei ein erfüllteres Leben.

1.5   Die Kontrollillusion

Klassische hierarchische Systeme haben umfassende Kontrollsysteme aufgebaut. Manche dieser Kontrollsysteme sind per Gesetz zu erfüllen, viele andere dienen dem Wunsch des Managements, die Dinge im Griff zu haben. Das ist verständlich, ist es doch ein menschliches Grundbedürfnis. Kontrollverlust ist für viele Menschen der blanke Horror. Komplexe Systeme zeichnen sich aber dadurch aus, dass sie nicht zu kontrollieren sind. *Vielerorts werden die Kontrollsysteme zu einer Kontrollillusion und oft ist die Antwort darauf noch mehr Kontrolle. Das bringt dann aber nicht mehr Beherrschbarkeit, sondern lediglich mehr Aufwand und Frustration.* Ein Beitrag zum Hamsterrad. Der Sprung aus dem Hamsterrad benötigt Vertrauen. Vertrauen darauf, dass die Kollegen und Mitarbeitenden Erwachsene sind, die wissen, was sie tun. Und dass diese sich selbst in angemessener Weise selbst kontrollieren, weil sie ein großes Interesse an dem Gelingen der gemeinsamen Sache haben. Vertrauen ist das Gegenteil von Angst und basiert auf Selbstvertrauen. Dieses gilt es zu fördern. Hier haben wir 2 wichtige Glaubenssätze von Führungskräften:

▶ Ich muss die Arbeitserfüllung meiner Mitarbeitenden kontrollieren, denn ich habe die Verantwortung für die Arbeitsergebnisse.

   oder

▶ Meine Mitarbeitenden können die volle Verantwortung für ihre Arbeitsergebnisse übernehmen und werden bzgl. ihrer Arbeitserfüllung nicht kontrolliert. Ich stehe bei Bedarf unterstützend zur Seite. Gemeinsam kontrollieren wir die Arbeitsergebnisse und lernen daraus.

Offensichtlich ist, dass der zweite Glaubenssatz besser in eine komplexe Welt passt. Zeitgemäße Systeme müssen also Anreize schaffen, dass es sich für Führungskräfte lohnt, den zweiten Glaubenssatz anzunehmen. Aber Vorsicht, Glaubenssätze kann man nicht anweisen. Jeder entscheidet sich selbst für seine Glaubenssätze, die ihm und seiner Umwelt ggf. nicht einmal bewusst sind.

1.6   Entscheidung und Verantwortung

Wer entscheidet? In klassischen hierarchischen Systemen ist die Antwort klar. Die Person mit der höher bezahlten Einsicht. Und die ganz wichtigen Entscheidungen trifft der Chief Executive Officer, deshalb heißt er ja so. Schließlich trägt er die Gesamtverantwortung. De jure ist das tatsächlich so, aber sind die Entscheidungen des CEO wirklich hilfreich und schnell genug? Insbesondere in Organisationen mit vielen Hierarchieebenen dauern Entscheidungen oft zu lange, denn selbstverständlich muss jede Ebene gründlich prüfen, ob die Entscheidung ausreichend begründet ist. Je weiter der Entscheidungsbedarf nach oben delegiert wird, desto stärker sinkt die Beurteilungsfähigkeit. In nicht komplexen Systemen mag diese Form der Entscheidungsfindung effizient sein. Jedoch ist dies für den Erfolg in komplexer Umgebung kritisch. In komplexen Systemen gilt es, Entscheidungen dezentral, schnell, kompetent und nah am Kunden zu treffen, *„Kompetenz schlägt Hierarchie"*. Bei Entscheidungen mit unternehmenskritischen Auswirkungen muss kollegiale Beratung obligatorisch sein und da können klassische Hierarchen durchaus einbezogen sein. Voraussetzung für dezentrale Entscheidungen sind klare Verantwortungsdefinitionen, am besten entlang der Wertschöpfungsprozesse. Wo die Verantwortung ist, liegt die Entscheidung. Dabei heißt Verantwortung auch, für seine Entscheidungen einzustehen und negative Konsequenzen eigenverantwortlich zu managen. Ob CEOs ihren Mitarbeitenden dies zutrauen, hängt u. a. von deren Glaubenssatz bzgl. der Fähigkeit, Verantwortung zu übernehmen, ab. Entweder glauben sie:

▶   Ich bin verantwortlich für alles, was hier passiert. Weniger wichtige Entscheidungen kann ich delegieren.

   oder

▶   Ich bin verantwortlich für das Ganze, aber nicht für alles und bin mir bewusst, dass meine kompetenten Mitarbeitenden viele Dinge besser beurteilen können als ich. Sie erhalten dazu die Verantwortung in definierten Verantwortungsbereichen. Ich vertraue dort ihrem Entscheidungsvermögen und weiß, dass sie sich in kritischen Fällen umfassend rückversichern, ggf. auch bei mir.

Ich habe noch nie erlebt, dass die in der zweiten Version beschriebene dezentrale Verantwortungsübernahme zu verantwortungslosem Verhalten führt. Ganz im Gegenteil, ich habe immer erlebt, dass diese Form zu dem Versprechen führt, der Verantwortung gerecht zu werden. Dies trifft für Mitarbeitende und Führungskräfte aller Generationen zu.

1.7   CEO reloaded

In Organisationen, in denen der CEO nach dem zweiten Glaubenssatz lebt, wird dieser nicht zum Flaschenhals. Was hat dies aber für eine Konsequenz bzgl. der Rolle des CEO? Es gibt andere Aufgaben, die viel relevanter sind, als Entscheidungen zu treffen. So sollte er die Verantwortung übernehmen, ein System bzw. eine Organisationsarchitektur aufzubauen, die Vertrauen, Verantwortung und Leistung fördert. Ich werde hierzu in den nächsten Kapiteln konkrete Beispiele liefern. Als weitere wichtige Aufgabe hat der CEO die Verantwortung, einen Orientierungsrahmen, d. h. einen Kompass für alle Mitarbeitenden, zu entwickeln und sicherzustellen, dass dieser ankommt und wirkt. *Außerdem ist es oberste Führungsaufgabe, Kooperation im Unternehmen zu etablieren und zu fördern. Nur mit Kooperation gelingt es, komplexe Probleme zu lösen. Und* schließlich ist der CEO für die Verkörperung der Unternehmensziele und -werte verantwortlich und für die Befähigung aller dezentralen Entscheidenden, dass sie für ihre Entscheidungen die bestmöglichen Voraussetzungen haben. So wird aus dem Chief Executive Officer der Chief Empowerment Officer.

Thank God, it's Monday! Wie schön wäre es doch, wenn die Lust auf die Arbeitswoche nicht nur im Herzen der Unternehmenden lodert, sondern auch bei sehr vielen der Mitarbeitenden. Das war in Organisationen der Industriekultur gar nicht beabsichtigt. Arbeit war damals der blöde Teil des Lebens, für den man Schmerzensgeld bekam, mit dem man seine Familie ernähren konnte. Die Arbeitnehmerinteressenvertretungen sorgten dafür, dass das Schmerzensgeld auch ordentlich war und der Kuchen gerecht verteilt war. Das alles passt nicht in die komplexe Welt. Zeitgemäße Organisationen, die sich in einem komplexen Umfeld erfolgreich bewegen, schaffen es, die intrinsische Motivation der Mitarbeitenden aufrechtzuerhalten und zu fördern. Dies geschieht mit Vertrauen, Verantwortungsübernahme und Leistungsorientierung unter erwachsenen Menschen auf Augenhöhe. Führungskräfte sind wichtig, aber nicht besser. Sie haben die Rolle von Architekten, Befähigenden, Transparenzdienstleistern, Moderatoren, Mediatoren, Coaches und manchmal auch von Entscheidenden. Sie fördern Lust auf Leistung und Verantwortung und schenken dazu ganz viel Vertrauen. Ich finde, das ist schon eine sehr wichtige Rolle.

1.8   Zauberwort Selbstorganisation

Ich habe mit dem Untertitel des Buches versprochen, einen konkreten Leitfaden zur Befreiung aus der Komplexitätsfalle zu liefern. Bisher habe ich die Unfähigkeit klassischer hierarchischer Systeme im Umgang mit Komplexität verdeutlicht und Merkmale eines geeigneteren Organisationssystems beispielhaft angedeutet. Wie sehen nun die Bauanleitung und die Transformation aus? Das Zauberwort heißt Selbstorganisation (siehe Abb. 1.2). Hierzu finden wir umfassende Modelle in der Literatur. Einige prägnante und einleuchtende Konzepte werde ich in Kap. 2 darstellen. Für mich hat Selbstorganisation 3 Kernattraktoren:

- Eine umfassende **Sinnorientierung**, die alle Mitarbeitenden der Organisation beseelt und deutlich macht, warum die Welt diese Organisation braucht.
- Ein Konzept von **Autonomie** und Vertrauen, das dezentrale Verantwortung und Entscheidungskompetenz sowie Resilienz und Selbstbewusstsein fördert.

Abb. 1.2 Erfolg durch
Selbstorganisation

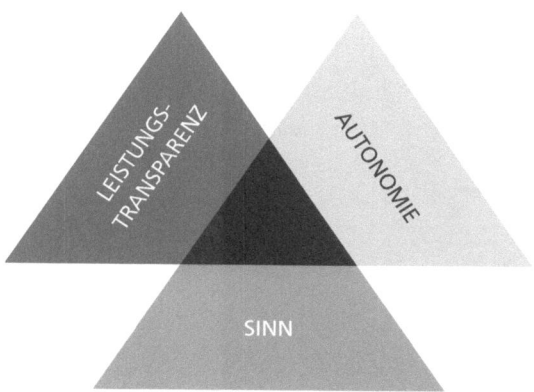

- Schließlich braucht Selbstorganisation klare Orientierung an Fakten, denn jeder System-beteiligte möchte wissen, was das messbare Ziel der Organisation ist, wie der aktuelle Stand der Zielerreichung ist und welchen Beitrag er persönlich leistet. **Leistungstrans-parenz** bzgl. der Ziele und der aktuellen Zielerreichung ist ein sehr wichtiges Merkmal von Selbstorganisation.

Die Verhaltensmuster von selbstorganisierten Unternehmen können gut beschrieben wer-den. Allerdings sind geeignete Organisationskonzepte recht vielfältig, sodass die Anwendung nicht trivial ist und mit hohen Risiken und Nebenwirkungen versehen ist, wenn man kein Experte für diese Modelle ist. Wichtig ist, dass das Thema Selbstorganisation durchdacht und für alle Beteiligten bewusst eingeführt wird, sonst wirkt die Veränderung nicht.

Literatur

Corssen, Jens, Der Selbst-Entwickler: Das Corssen Seminar, marix Verlag 2004
Horx, Matthias, Das Megatrend-Prinzip: Wie die Welt von morgen entsteht, Vahlen 2014

2.1 Heilsbringer Selbstorganisation?

Der Begriff Selbstorganisation ist als Heilsbringer in vieler Munde und auch ich habe ihn schon einige Male in diesem Buch genutzt. Als ich mich vor ca. 10 Jahren auf die Suche nach einer zeitgemäßen Unternehmensorganisation gemacht habe, kannte ich den Begriff der Selbstorganisation noch nicht. Ich war mir jedoch sicher, dass die hierarchische Pyramide, bei der die Entscheidungen „oben" getroffen werden, auf Dauer in der Wissensökonomie nicht mehr funktionieren wird. Eine alternative Organisationsform war mir nicht bekannt. Einige Impulse hatte ich damals vom Zukunftsinstitut bekommen. Matthias Horx, der Gründer und Gesellschafter des Zukunftsinstituts, sprach damals von metastrategischer Führung. Bei näherem Hinsehen hatte ich aber die handhabbaren Konzepte noch nicht gefunden.

Ich habe mich dann in Dutzenden von Büchern, Kongressen und Unternehmerarbeitskreisen auf die Suche nach handhabbaren Organisationskonzepten begeben. Den größten Erkenntnisgewinn habe ich dann bei der intensiven Beschäftigung mit dem Weltbild von Spiral Dynamics (Beck und Cowan 1996) erlebt. Dieses von **Clare W. Graves** beschriebene soziologische Evolutionsmodell lieferte für mich eine radikal neue Sicht auf die Treibenden von Organisationen. Nach Graves ist in komplexen Umgebungen nicht ein durchdeklinierter Masterplan mit konsequentem Umsetzungscontrolling das Erfolgsrezept, sondern das Zusammenspiel aus starkem Sinn und weitgehender Autonomie. An dieses Weltbild musste ich mich erst einmal etwas gewöhnen.

Nachdem ich mich entschieden hatte, dieser Idee eine Chance zu geben, habe ich mich mit sehr vielen Menschen und Konzepten dazu auseinandergesetzt. Dies war eine außerordentlich spannende und erhellende Lernreise, an der ich Euch ein wenig teilhaben lassen möchte. Die prägendsten Konzepte möchte ich Euch jetzt vermitteln.

U. Rotermund, *Ausbruch aus der Komplexitätsfalle*,
https://doi.org/10.1007/978-3-662-62928-4_2

2.2   Eine kleine literarische Reise

Der Ertrag einer langen Reise sind starke Bilder und lebhafte Erinnerungen an Neues, an Begegnungen, an Staunen, Aha-Erlebnisse und den vielfachen Entschluss, dieses oder jenes künftig zuhause anders zu machen, gerade so, wie man es auf der Reise erlebt hat. Am stärksten im Gedächtnis haften bleiben oft exotische Landschaften und die Gesichter von Menschen, denen man auf seiner Reise begegnet ist.

Im Grunde sind auch literarische „Reisen" so, vor allem, wenn man das Privileg hat, den einen oder anderen Autoren treffen und mit ihm diskutieren zu dürfen. In dieser intensiven Art erlebe ich auch meine literarische Reise und ich versuche immer wieder, die Autoren persönlich kennenzulernen, deren Bücher mich begeistert haben. Wenn ich also im Folgenden über Bücher spreche, erzähle ich auch immer ein wenig von Begegnungen mit Menschen, die mit der gleichen Leidenschaft wie ich über die Zukunft der Arbeit und den besten Weg dorthin nachdenken.

Ich reiße die für mich wichtigen Werke im Folgenden nur kurz an. Das kann den Konzepten natürlich nicht gerecht werden. Vielleicht entfacht es aber Eure Neugier für eine vertiefte Beschäftigung mit den jeweiligen Werken und Konzepten. Das würde mich freuen. In Kap. 3 findet Ihr dann mein persönliches Destillat aus der unten beschriebenen Literatur und aus vielen darüber hinaus gehenden Gesprächen und Erfahrungen.

2.3   Reiseetappe Unternehmergeist

Als Einstimmung erzähle ich Euch eine kleine Geschichte, die ein Schlüsselerlebnis für mein Selbstverständnis als Leser, Diskutierender, Gestaltender und Schreibender war: Im Jahr 2011 erhielt ich einen Anruf von dem mir damals unbekannten Bestsellerautor Stefan Merath, der mich als Speaker auf seinem Unternehmertreffen engagieren wollte. Er hatte erfahren, dass wir von noventum wiederholt vom Great Place to Work® Institut als bester Arbeitgeber Deutschlands ausgezeichnet worden waren und äußerte den Wunsch, dass ich meine Erfahrungen zu Arbeitgeberattraktivität mit seiner Community teile. Dies tat ich gern und war sehr inspiriert von den anderen Champions, die ich dort kennenlernen durfte, dem Sales Champion, dem Marketing Champion, dem Service Champion, dem Strategie Champion sowie einigen namhaften Buchautoren, die ich in der Folge vorstellen werde. Das Kennenlernen mit Stefan Merath und seiner Community war für mich der Turbo im Kennenlernen moderner Organisationskonzepte und inspirierender Bücher dazu. Menschen und Konzepte, Begegnungen und Auseinandersetzungen, das gefiel mir und gefällt mir bis heute.

Die Arbeit an der Weiterentwicklung des eigenen Unternehmens ist für die meisten Unternehmenden auch eine Arbeit an der eigenen Rolle. Ökonomische Ziele und die Schlüsselposition, die man als Entscheidender dabei spielt, hängen intensiv zusammen. Für die meisten von uns ist das eigene Unternehmen eine Lebensaufgabe, die wir mit unserer ganzen Leidenschaft annehmen und die uns ständig begleitet. Wie wir uns selbst sehen und wie wir unser Unternehmen sehen, das hängt direkt zusammen.

Stefan Merath nimmt in seinen Büchern ausdrücklich diese Perspektive der Unternehmenden ein und fordert seine Leser auf, in diese Auseinandersetzung einzusteigen. In „Der Weg zum erfolgreichen Unternehmer" (Merath 2008) beschreibt er romanartig die Heldenreise des Protagonisten Thomas Willmann, der sein Unternehmen durch einige bedrohliche Klippen steuert und es am Ende mit Kundenorientierung, Fokus und Optimismus auf die Erfolgsspur zurückführt und dabei persönliches Lebensglück erfährt. Wichtige Kernbotschaften dieses Buches sind für mich, Zeit für die Arbeit **am** Unternehmen (und nicht nur **im** Unternehmen) einzusetzen und sich konsequent auf den Kundennutzen auszurichten. Hierzu erwähnt Stefan in seinem Buch eine Vielzahl hilfreicher Prinzipien und Methoden für Führung und Management.

2.4   Reiseetappe Kundenzentrierung

„Der Kunde ist König" – wer möchte als Unternehmender diesem Satz widersprechen? Und doch greift er zu kurz. Zu einer ernsthaften und konsequenten Kundenorientierung gehört auch, seinen Kunden zu verstehen, ihn zu mögen oder gar in gewisser Weise zu lieben.

Die Lektüre von „Die Kunst, seine Kunden zu lieben" (Merath 2011) hat mir großen Erkenntnisgewinn gebracht. Hier pointiert **Stefan Merath** den Gedanken der bedingungslosen Kundenorientierung und greift Elemente der engpasskonzentrierten Strategie, EKS®, auf. Der Glaubenssatz, den der Autor in diesem Buch vertritt, ist: Wenn ich die Grundbedürfnisse und Engpässe meines Kunden wirklich verstanden habe und Experte werde, diese zu befriedigen bzw. zu beseitigen, muss ich mir um meine Gewinne keine Sorgen machen. Mein Kunde wird durch meinen Beitrag einen erheblichen finanziellen Nutzen haben, woran er mich partizipieren lassen wird.

Ausgewiesene Expertin für EKS®, die engpasskonzentrierte Strategie, ist **Kerstin Friedrich**, die ich auch auf einer Veranstaltung von Stefan Merath kennenlernen durfte. In ihrem Buch „Das große 1×1 der Erfolgsstrategie" (Friedrich 2009) erläutert sie mit einer übersichtlichen Methode, wie Unternehmen systematisch ihre Dienstleistungen auf die Beseitigung von Kundenengpässen ausrichten.

EKS® bzw. die konsequente Fokussierung auf den Kundennutzen ist im Übrigen aus meiner Sicht eines der Kernprinzipien eines selbstorganisierten Unternehmens. Selbstorganisierte Unternehmen sind Experten darin, vom Kundenbedarf bzw. -engpass aus zu denken. Das EKS®-Gedankengut war der Anlass für uns bei noventum, unsere Strategie nach diesen Prinzipien auszurichten. Also engagierten wir Kerstin Friedrich für unseren Marktstrategieworkshop und legten dabei die Grundlage für unsere heutige Businessplanung und unseren Innovationsprozess.

2.5   Reiseetappe Organisationsentwicklung

Unternehmensentwicklung ist Organisationsentwicklung, d. h. Arbeit an den Methoden und Werten der Zusammenarbeit von Menschen – Gruppen und Einzelnen. Es lohnt sich, die Augen dafür zu öffnen, wie stark Organisationskultur und Gruppendynamik die Entwicklung eines Unternehmens beeinflussen.

Hier kommen wir auf unserer literarischen Reise hin zur Selbstorganisation metaphorisch an einer großen Kathedrale vorbei. Von einem guten Geschäftsfreund bekam ich die Empfehlung, **Frederic Laloux'** „Reinventing Organizations" zu lesen (Laloux 2014). Dieses Buch hat mir tatsächlich die Augen geöffnet, wie Organisationen in einer komplexen Umgebung gestaltet werden können. Mit Sinn, Autonomie und Ganzheitlichkeit. Die Radikalität der Konzepte und gleichzeitig die glaubwürdigen Unternehmensbeispiele waren für mich bahnbrechend und haben einige neue Glaubenssätze bei mir entstehen lassen. Der Appetit auf weitere Informationen, wie man ganz konkret die eigene Organisation und die unserer Kunden neu erfinden kann, war angeregt.

„Komplexität" ist im Zusammenhang mit Organisationsentwicklung ein wichtiges Stichwort. Von **Stephanie Borgert** lernte ich vor vielen Jahren den Unterschied zwischen kompliziert und komplex. Komplizierte Dinge sind mit intensiver Planung vorhersehbar, komplexe nicht. Die Bücher von Stephanie Borgert sind für mich sehr relevant, da sie in Systemen denkt und deutlich macht, dass es nicht primär darum geht, die Menschen zu verändern bzw. zu entwickeln, sondern ein System zu gestalten, in dem es sich für die Menschen lohnt, sich nützlich für die Organisation zu verhalten: „Resilienz im Projektmanagement" (Borgert 2013), „Unkompliziert!: Das Arbeitsbuch für komplexes Denken und Handeln in agilen Unternehmen" (Borgert 2018), „Die kranke Organisation" (Borgert 2019) und „Die Irrtümer der Komplexität" (Borgert 2015). Dieses Weltbild weicht von vielen Führungsmodellen in der Praxis deutlich ab. Gerade deshalb ist die Rolle des Systemarchitekten, der geeignete Spielregeln für das System entwickelt und sich um die Umsetzung kümmert, von großer Bedeutung für zukünftig erfolgreiche Unternehmen.

Ein weiterer für mich wichtiger Autor bzgl. moderner Unternehmensorganisation ist **Niels Pfläging**. Er selbst bezeichnet sich als Management-Exorzist, was ich für eine prägnante Positionierung halte. Niels Pfläging polarisiert. Schon im letzten Jahrtausend hat er mit „Beyond Budgeting" (Pfläging 2011) seine Ideen zu einer Führung mit flexiblen Zielen verbreitet (zum Thema Flexible Ziele siehe auch: Pfläging, Führen mit flexiblen Zielen 2011) In seinen Büchern „Organisation für Komplexität" (Pfläging 2014) und „Komplexithoden" (Pfläging 2015) hat er später anschaulich verdeutlicht, dass die hierarchische Pyramide kein nützliches Organisationsprinzip für eine komplexe Welt ist. Stattdessen schlägt er vernetzte Zellen und dezentrale Verantwortung vor. Die primär wertschöpfenden Bereiche sollten vom Kundenbedarf aus crossfunktional organisiert werden und direkt mit dem Kunden interagieren, incl. aller Entscheidungen. Die ehemaligen Hierarchen werden zu Dienstleistern, Organisationsarchitekten und Wertehütern. Sie unterstützen und inspirieren die Organisation von innen, von einem Kern aus. Bei Niels Pfläging sieht ein

Organigramm daher wie ein Pfirsich aus, nicht wie eine Pyramide. Mir gefällt dieses Bild sehr. Niels Pfläging ist Mitentwickler des BetaCodex, welcher folgende 12 Prinzipien (nicht Regeln!) beinhaltet:

12 Prinzipien

§ 1 Teamautonomie – Sinnkopplung statt Abhängigkeit
§ 2 Föderalisierung – Zellstruktur statt abgeteilter Silos
§ 3 Leaderships – Selbstorganisation statt Management
§ 4 Rundumerfolg – Passgenauigkeit statt Monomaximierung
§ 5 Transparenz – Fließintelligenz statt Machtverstopfung
§ 6 Marktorientierung – Relative Ziele statt Chefvorgabe
§ 7 Bedingtes Arbeitseinkommen – Teilhabe statt Anreiz
§ 8 Geistesgegenwart – Vorbereitung statt Planwirtschaft
§ 9 Rhythmus – Taktgefühl statt Fiskaljahrorientierung
§ 10 Könnerentscheidung – Konsequenz statt Bürokratie
§ 11 Ressourcendisziplin – Zweckdienlichkeit statt Statusgedöns
§ 12 Flowkoordination – Wertschöpfungsdynamik statt Zuweisungsstatik

Diese kernigen Thesen erläutert Niels Pfläging in seinen Büchern mit praktischen Beispielen. Auch als Redner schätze ich ihn. Auf unserem Business Unusual Forum hat er meine Gäste wirklich herausgefordert.

Lars Vollmer ist mir durch die intrinsify.me Bewegung, die er mit Mark Poppenborg gegründet hat, bekannt. Ich schätze seine klaren Statements, die oft nicht in den New-Work-Mainstream passen, ganz besonders. An seinen Aussagen kann man sich reiben, auch wenn sie bzgl. Selbstorganisation in die gleiche Richtung gehen, die ich für zielführend halte. In „Wrong Turn" beschreibt er den Irrglauben, dass mehr Kontrolle mehr Sicherheit verschafft (Vollmer 2014). In „Zurück an die Arbeit" hält er ein Plädoyer für fokussiertes Arbeiten, statt des weit verbreiteten Business-Theaters, welches in vielen hierarchiegetriebenen Abstimmungsmeetings zu erleben ist (Vollmer 2016). Und in einem weiteren Büchlein, „Wie sich Menschen organisieren, wenn ihnen keiner sagt, was sie tun sollen" (Vollmer 2017) stellt er mit sehr anschaulichen Beispielen dar, dass Unternehmen meist sehr viel weniger Regeln brauchen, als man denkt.

Entscheidungen nah am Kunden treffen? Kompetenz schlägt Hierarchie bei der Entscheidungsfindung? Das klingt nach hilfreichen Prinzipien. Allerdings sind manche Entscheidungen weitreichend und facettenreich, sodass es nützlich scheint, hierfür Gremien zu definieren. Bitte aber nicht entlang der alten Pyramide und bitte hochdynamisch und nicht bürokratisch. **Brian Robertson** hat mit dem Holacracy-Modell hierauf gute Antworten gefunden. (Robertson 2016) Transparenz, Partizipation, Vertrauen und Verantwortung spielen dabei eine wichtige Rolle. Einige der Prinzipien habe ich gerne in meine unternehmerische Praxis übernommen, z. B. das Konsentverfahren bei der Entscheidungsfindung.

Ein selbstorganisiertes System braucht Orientierung, und zwar ein gemeinsames Bild der Gegenwart und ein gemeinsames Bild der erwünschten Zukunft. Nur wenn das Gegenwarts- und Zukunftsbild stark, attraktiv und konvergent ist, ziehen alle an einem Strang und die Kraft der Autonomie wird gebündelt. Es geht also um Begriffe wie Mission, Vision, Nordstern, Leitstern, Kompass, Zukunftsbild oder den etwas aus der Mode gekommenen Begriff Leitbild. Wie Unternehmen ihren Orientierungsrahmen auch nennen, er wird in einem selbstorganisierten Unternehmen existenziell und muss von hoher Qualität, d. h. Anziehungskraft, sein. **Carsten Fuchs** nutzt in seinem Buch „Zukunft entscheiden" (Fuchs 2019) einen für mich gut nachvollziehbaren Dreisprung. Im ersten Schritt empfiehlt er die Auseinandersetzung mit der Gegenwart. Was macht uns heute stark? Was unterscheidet uns vom Wettbewerb? Was schätzt unser Kunde an uns? Welche kulturellen Stärken machen uns aus? Der zweite Schritt richtet sich auf das Übermorgen. Wo soll das Unternehmen in 5 bis 10 Jahren stehen? Dabei gilt es, den Migrationspfad dorthin erst einmal unberücksichtigt zu lassen und die Fantasie nicht zu früh zu begrenzen. Das Bild von Übermorgen sollte nach Carsten Fuchs auch mit einer starken Geschichte emotional erlebbar gemacht werden. Erst dann geht es im dritten Schritt um die Beschreibung des Morgen, also der nächsten Jahre.

Am Ende dieser Reiseetappe zum Thema Organisationsentwicklung steht ein recht frischer Beitrag von **Martin Permantier**, mit dem ich freundschaftlich verbunden bin und von dem ich im unternehmerischen Austausch viel gelernt habe. In seinem Buch „Haltung entscheidet" (Permantier 2019) nimmt er Bezug auf die von Frederic Laloux beschriebenen Spiral-Dynamics-Verhaltensmuster und setzt sie in unterschiedliche Kontexte. Er vermittelt damit einen spannenden Blick auf die Zusammenhänge von Führung und Unternehmenskultur. Er verdeutlicht unser Bewusstsein für Wirklichkeitskonstruktion in den unterschiedlichen Evolutionsstufen von Organisationen. Somit hilft er bei der Erkenntnis, aus welcher Haltung jemand die Welt interpretiert und in ihr agiert. Dieses Werk hilft sehr dabei, zu verstehen, dass der Glaube an die Kraft der Selbstorganisation nicht das einzig mögliche Weltbild ist und dass die Menschen in einer Organisation die Unternehmenswelt aus einer anderen Haltung sehen. Damit konstruktiv und zielstrebig umzugehen, ist erfolgskritisch.

2.6 Reiseetappe Führung und Motivation

Handeln im Unternehmen ist Handeln in Beziehung und Kontakt. Dabei spielt die unterschiedliche Rollenverteilung und -erwartung eine große Rolle. Rollen verändern sich, ob es Führungsrollen sind oder die von Experten oder Mitarbeitenden für Routinetätigkeiten. Zu einem wesentlichen Aspekt von Führung ist seit einigen Jahren die Motivation von Mitarbeitenden geworden.

Daniel H. Pink hat in seinem Buch „DRIVE: Was Sie wirklich motiviert" (Pink 2020) drei grundsätzliche Motivationselemente beschrieben, und zwar Sinnerfüllung, Selbstbestimmung und Perfektion. Er vertritt die Meinung, dass in wissensbasiertem und komplexem Kontext „Zuckerbrot und Peitsche" ausgedient haben und kontraproduktiv sind. Genau wie Laloux geht er davon aus, dass sehr viele Menschen eine große intrinsische Motivation zur Arbeit mitbringen, die jedoch durch Sinnorientierung, Vertrauen auf die eigene Kompetenz und erlebbaren Erfolg genährt werden muss. Das sind die primären Aufgaben einer Führungskraft. Diese Ansicht von Daniel H. Pink teile ich ausdrücklich und ich könnte sagen, das ist einer meiner Glaubenssätze.

Dass Motivation nicht nur individuell ist, sondern bestimmten Gesetzmäßigkeiten folgt, bringt uns **Kurt Smit** nahe. Er betrachtet Unternehmen als „holokratische Systeme". Diese bauen auf ein großes Maß an Kooperation, denn die Befehls- und Berichtsstrukturen gelten nicht mehr. Mit diesem Ansatz passt mein geschätzter Geschäftspartner Kurt hier gut in unsere Reise. Er hat aufbauend auf den Untersuchungen von **Adam Grant** (Grant 2014) den Nutzen von Kooperation für den Einzelnen und für die Gesamtorganisation untersucht (Smit und Kottmann 2019). Die gute Nachricht ist, dass sich Kooperation in einer Organisation immer lohnt, sowohl für jedes Individuum wie auch für das Unternehmen, vorausgesetzt die Spielregeln unterstützen Kooperation. Dies hat Kurt Smit mathematisch unter Nutzung der Spieltheorie bewiesen. Bei der Gestaltung von Kooperationskultur sind folgende 4 Verhaltensstrategien zu betrachten:

Der Nehmer – will immer einen Vorteil aus einer Transaktion erzielen.
Der Tauscher – akzeptiert eine ausgewogene Transaktion, geht aber nicht in Vorleistung.
Der selbstlose Geber – kooperiert immer, auch zum eigenen Nachteil.
Der fremdbezogene Geber – beginnt mit Kooperation, lässt sich aber nicht ausnutzen.

Kurt Smit zeigt auf, dass eine Unternehmenskultur mit sehr vielen fremdbezogenen Gebern sowohl für die Individuen wie auch die Organisation von großem Vorteil ist. Voraussetzung dafür sind passende Spielregeln und eine stark ausgeprägte Vertrauenskultur. Kurt Smits Erkenntnisse zum Thema „Führungsethik" sind eine großartige Lektüre (Smit und Kottmann 2014).

Bernd Oestereich hat mit seinem Büchern „Agile Organisationsentwicklung" (Oestereich und Schröder 2019) und „Das kollegial geführte Unternehmen" (Oestereich und Schröder 2016) die holokratischen Grundideen weiterentwickelt und konkretisiert. Er richtet sich an Menschen, die eine kollegial-selbstorganisierte Führung und eine agile Organisationsentwicklung ganz praktisch erproben möchten. Ich finde diese Werke sehr umfassend und praxisnah. Oestereich berücksichtigt gleichermaßen Haltung, Erfahrungswissen und Werkzeuge und vereint dabei Ansätze aus der agilen Entwicklung technischer Systeme, integrale Wertesysteme, Organisationsmodelle und systemische Ideen zur Entwicklung sozialer Systeme. Die Lektüre erfordert allerdings eine engagierte Auseinandersetzung mit Organisationsarbeit und ist keine leichte Kost.

Eine Führungskraft ist nur dann eine Führungskraft, wenn ihr Menschen folgen. Und zwar selbstentschieden. Und es muss sich für die Geführten persönlich lohnen. Mit dieser These verdeutlicht **Josef Mönninghoff** eindrucksvoll in seinem Buch „Führen hat Folgen" (Mönninghoff 2015) wie er die Motivation von Menschen im Betrieb versteht. Josef

Mönninghoff ist seit über 20 Jahren der vertraute Begleiter aller Mitarbeitenden von noventum. Von ihm haben wir zu Führung und Kommunikation sehr viel gelernt. Damit ist er prägend für unsere Unternehmenskultur.

Noch eine schon etwas ältere, aber sehr lohnende Lektüre zur Führungsfrage und zu Agilität offeriert **Bill Joiner**. Im Leadership-Agility-Modell (Joiner 2006) geht es um das angepasste Führungsverhalten für unterschiedliche Komplexitätsstufen. In einer einfachen Welt führt der „Expert", der weiß, wie es geht. In einer komplizierten Welt entfaltet sich als Führungskraft oft der „Achiever", der gut Ziele für seine Mitarbeitenden setzen und kontrollieren kann. Und schließlich wird in einer komplexen Welt der „Catalyst" benötigt, der einen Rahmen setzt, in dem sich Menschen selbstorganisiert verhalten. Hierzu hat Bill Joiner eine Vielzahl von geeigneten Verhaltens- und Gesprächsmustern definiert. **Hermann Küster**, mit dem wir bei noventum hinsichtlich unserer Führungskräfteentwicklung zusammenarbeiten, hat dieses Modell nach Deutschland in seine Coaching-Akademie importiert und in dem Aufsatz „Leadership Agility" sehr gut auf den Punkt gebracht (Küster 2014).

2.7   Reiseetappe Agilität

Agilität ist ein Buzzword und für manche schon zum Unwort mutiert. Und doch dürfen agile Prinzipien, Modelle und Methoden nicht fehlen, denn sie sind für mich eine der wichtigsten Säulen selbstorganisierter Unternehmen. **Bernd Oestereich** habe ich an anderer Stelle ja schon eingeführt und er ist für mich im Themenkreis „Agilität" ein wichtiger Autor. Gründlichen Lesern empfehle ich allerdings, sich auch mit einem Basiswerk des Scrum-Erfinders **Jeff Sutherland** vertraut zu machen. „Scrum: The Art of Doing Twice the Work in Half the Time" (Sutherland 2015) beschreibt mit Scrum zwar primär Softwareentwicklungsprojekte, die Prinzipien und Methoden lassen sich jedoch auf Projekte aller Art und auch auf Organisationstätigkeiten außerhalb von Projekten anwenden. Auch das Buch „Die Scrum Revolution" (Sutherland 2015) halte ich für sehr lesenswert. Dort zeigt er, wie Scrum-Teams ihre Entwicklungsaufgaben vereinfachen und alle ihre Projekte agil, zügig und kostengünstig durchziehen.

Als wir uns bei noventum entschieden hatten, das Unternehmen konsequent zu agilisieren, haben wir uns für die Unterstützung durch den Berater **Valentin Nowotny** aus Berlin entschieden. Valentin Nowotny hat das Buch „Agile Unternehmen" geschrieben (Nowotny 2018) und uns dadurch wichtige Impulse gegeben. In seinem Buch klärt er auf, welche Voraussetzungen agile Unternehmen mitbringen müssen und welche Konsequenzen das für Management, Führungskräfte und Mitarbeitende hat. Anschaulich und fundiert erklärt Valentin Nowotny die psychologischen Grundprinzipien agiler Methoden wie z. B. Scrum, Kanban oder Design Thinking und beschreibt die agilen Werte, Prinzipien und Rituale. Auch stellt er die passende Unternehmenskultur sowie mögliche Wege einer Transformation unterschiedlicher Bereiche, Abteilungen und Arbeitsgruppen dar.

Ein weiterer wichtiger Beitrag zum Thema Agilität kommt von **Klaus Leopold**, „Agilität neu denken: Warum agile Teams nichts mit Business-Agilität zu tun haben" (Leopold 2018). In diesem wunderbar illustrierten Buch wird anschaulich gezeigt, wie es ein Unternehmen mit 600 Mitarbeitenden nach einigen Rückschlägen geschafft hat, die gewünschte Marktwirksamkeit (den „Outcome") durch einen agilen Organisationsaufbau zu erzeugen. Die Merkmale agiler Zusammenarbeit wie das Setzen von Work In Progress Limits (WIP Limits), die Visualisierung der Arbeit, das Etablieren von Feedbackschleifen und Retrospektiven, inklusive der regelmäßigen Ableitung von Anpassungen, gelten für alle „Flightlevels", vom Vorstand bis zum einzelnen Team.

Jetzt komme ich zu einem anderen hilfreichen Modell des Umgangs mit Komplexität, der Methode „Effectuation". Sie wird in Situationen der Ungewissheit eingesetzt, wenn kein Erfahrungswissen vorhanden ist oder wenn dieses bewusst nicht genutzt werden soll. Empirisch erforscht wurde sie von der heutigen Entrepreneurship-Professorin Saras D. Sarasvathy von der University of Virginia. **Michael Faschingbauer** beschreibt in seinem Buch „Effectuation: Wie erfolgreiche Unternehmer denken, entscheiden und handeln" (Faschingbauer 2017) die 4 Effectuation-Prinzipien, und zwar „Mittelorientierung statt Zielorientierung", „Leistbarer Verlust statt erwarteter Ertrag", „Umstände und Zufälle nutzen statt vermeiden" und „Partnerschaften statt Konkurrenz". Mit Michael Faschingbauer habe ich in Workshops und Konferenzen immer sehr gerne zusammengearbeitet.

2.8 Reiseetappe Selbstführung

Selbstorganisation habe ich in diesem Buch bisher im Kontext von sozialen Systemen betrachtet. Wie organisieren sich Gruppen von Menschen, wenn ihnen kein Chef etwas anweist? Jetzt möchte ich das Augenmerk auf die Selbstorganisation von Individuen richten. Der beeindruckendste Autor und Redner zum Thema individuelle Selbstorganisation ist für mich **Jens Corssen**. Seine Thesen „Es ist, wie es ist" und „Wo ich bin, will ich sein" und „Die Situation ist mein Coach" sind mir permanente Lebensbegleiter. Seine Empfehlungen anzuwenden heißt, als Macher statt als Opfer zu agieren. Selbstorganisierte Unternehmen brauchen und fördern viele solcher Menschen. Jens Corssens „Selbst-Entwickler" (Corssen 2004) ist auch schon etwas älter, aber immer noch und immer wieder eine inspirierende Lektüre!

Ein weiterer Aspekt individueller Selbstorganisation ist die psychologische Resilienz. Dies ist die Fähigkeit, Krisen zu bewältigen und sie durch Rückgriff auf persönliche und sozial vermittelte Ressourcen als Anlass für Entwicklungen zu nutzen. Die 7 Säulen der psychologischen Resilienz sind Optimismus, Akzeptanz, Lösungsorientierung, Verlassen der Opferrolle, Übernahme von Verantwortung, Zukunftsplanung und Netzwerkorientierung. **Sylvia Kéré Wellensiek** hat im „Handbuch Resilienz-Training" (Wellensiek 2011) anschaulich beschrieben, wie Menschen und Gruppen an ihrer Resilienz arbeiten können und damit einen selbstbewussten Beitrag zu einer selbstorganisierten Organisation leisten. Wir bei noventum haben mit Sylvia Wellensiek wirkungsvolle Resilienz-Trainings durchgeführt.

Gelingende Kommunikation und Kooperation braucht Empathie. Dazu hilft es, das von **Marshall B. Rosenberg** beschriebene Handlungskonzept der gewaltfreien Kommunikation (Rosenberg 2016) anzuwenden. Hier geht es darum, in einer Kommunikation die Grundbedürfnisse des Gegenübers zu verstehen. Solange dies nicht erfolgt ist, ist eine Vereinbarung nicht zielführend. **Angela Dietz** beschreibt in ihrem Buch „Gesundes Kommunizieren" (Dietz 2016) das Konzept von Marshall B. Rosenberg im Detail und liefert eine Liste von 101 Grundbedürfnissen. Ein selbstorganisiertes Unternehmen setzt sehr stark auf Eigenverantwortung und intrinsische Motivation, welche jedoch nur entstehen kann, wenn die Grundbedürfnisse befriedigt sind. Daher ist die Auseinandersetzung mit diesem Thema im Kontext der Selbstorganisation sehr wichtig.

2.9   Reiseetappe Unternehmensdemokratie

Kommen wir zurück zur Organisationsbetrachtung. Werden in selbstorganisierten Unternehmen noch feste Führungskräfte gebraucht? Einen Erfahrungsbericht gibt **Hermann Arnold** von der Haufe-umantis AG in seinem Buch „Wir sind Chef" (Arnold 2016). Dieses Unternehmen hat das Experiment gewagt, Führungskräfte demokratisch wählen zu lassen. Die Unternehmensstrategie wurde zunächst vollständig partizipativ entwickelt, die benötigten Führungsrollen dabei definiert und die Führungskräfte dann auf Zeit in ihre Rollen demokratisch gewählt. Hermann Arnold stellt die Risiken und Nebenwirkungen dieses demokratischen Ansatzes umfassend dar und zieht eine positive Bilanz.

Andreas Zeuch portraitiert in seinem Buch „Alle Macht für niemand" (Zeuch 2015) weitere demokratische Unternehmen und zeigt dabei verschiedene Varianten und Grade der Demokratisierung auf. Es sind inspirierende Beispiele, die zeigen, welche Wege Unternehmensdemokraten gehen können, um unter anderem dem menschlichen Bedürfnis nach Selbstbestimmung und Kontrolle über das eigene Umfeld nachzukommen – und auf diese Weise die demokratischen Werte unserer Gesellschaft auch bei der Arbeit zu verwirklichen. Mit Andreas Zeuch habe ich viele intensive persönliche Gespräche geführt. Er hat uns im Unternehmen in Workshops auch wertvolle Impulse auf dem Weg in die Agilisierung gegeben.

Wenn alles für alle transparent ist, müssten eigentlich auch die Gehälter offengelegt werden. Dies ist in der deutschen Kultur jedoch noch weitgehend ein Tabu, ganz anders als beispielsweise in Skandinavien. **Sven Franke, Stefanie Hornung** und **Nadine Nobile** sind in „New Pay – Alternative Arbeits- und Entlohnungsmodelle" (Franke et al. 2019) auf die Suche nach fairen und kulturadäquaten Gehaltsmodellen gegangen und haben einige bemerkenswerte Beispiele gefunden. Aus meiner Sicht ist diese letzte Bastion der Intransparenz in unserem Kulturraum schwer zu erobern. Hier Transparenz zu schaffen, wäre konsequent in einem modernen Führungsverständnis auf Augenhöhe. Allerdings muss man sich gut überlegen, ob man zu Beginn eines Prozesses auf dem Weg hin zur Selbstorganisation diese Dose der Pandora öffnet. Dennoch sei gesagt, dass es oft nicht um transparente Gehälter, sondern um transparente Verfahren zur Gehaltsbestimmung geht.

2.10   Reiseetappe Transparenz und Kommunikation

Eine wichtige Voraussetzung für Selbstorganisation in Unternehmen ist Transparenz. Wenn Menschen Verantwortung übernehmen sollen, müssen sie die Zusammenhänge verstehen und die „Spielstände" kennen. **Jack Stack** beschreibt in seinem Buch „The Great Game of Business" (Stack et al. 2013), welche Leistungspotenziale Unternehmen noch nutzen können, wenn alle, ja wirklich alle Mitarbeitenden die betriebswirtschaftlichen Zusammenhänge verstehen und wenn maximale Transparenz zu allen wichtigen betriebswirtschaftlichen Kennzahlen im Unternehmen herrscht. So wird der Beitrag jedes Einzelnen zu der Wertschöpfung des Unternehmens deutlich und das führt zu dem Gefühl von Selbstwirksamkeit und damit zu intrinsischer Motivation. Da das Erlernen von betriebswirtschaftlichen Zusammenhängen und das regelmäßige Controlling der Gefahr unterliegt, trockener und unemotionaler Stoff zu sein, verpackt Jack Stack die Analyse der Kennzahlen in spielerische Elemente und macht aus der Steuerung nach Kennzahlen das „Great Game of Business".

Kerstin Friedrich nutzt in ihrem Buch „Spielregeln für Game Changer" (Friedrich 2020, S. 13) folgende einleuchtende Metapher: „Stell dir vor, du spielst in einer Fußballmannschaft, in der keiner weiß, wie es gerade steht. In der niemand weiß, ob es jetzt sinnvoller ist, eher den Angriff oder die Verteidigung zu stärken, oder ob aktuell eine Änderung des Spielsystems geboten ist. Jeder weiß nur, dass er selbst gerade einen guten Job gemacht hat: einen guten Pass gespielt, einen Torschuss des Gegners pariert oder in letzter Sekunde den gegnerischen Spieler vom Ball getrennt. Ob und wie sich diese Einzelaktion auf das Spiel der anderen und auf das Gesamtergebnis auswirkt, weiß niemand. Eine vollkommen absurde Vorstellung: Weder würde sich irgendein Spieler dauerhaft für Fußball begeistern, noch würde ein einziger Zuschauer Geld dafür bezahlen, einem müden und planlosen Hin-und-her-Gekicke zuzuschauen." Was für den Sport absurd klingt, ist in vielen Unternehmen der Alltag. Es hat sich in der Industriekultur bewährt, dass einige wenige die Strategie entwickeln, diese mit Messpunkten versehen und diese Messpunkte dann reflektieren, um daraus zu lernen und nachzujustieren. Für normale Mitarbeitende ist das uninteressant oder sogar irritierend. Denkt man. Dabei wünschen sich doch viele Führungskräfte, dass sich alle Mitarbeitenden für den Erfolg des Unternehmens einsetzen und daran auch noch Freude haben. Kerstin Friedrich zeigt auf, wie man die Führung weitgehend dem System überlässt. Dabei werden Elemente der Sozial- und Sportpsychologie sowie die Kräfte der Gamifizierung genutzt. Mit dem Ansatz „Scoreboarding" schafft sie die Grundlagen für jede Form von organisatorischer Transformation und Strategiewechsel. Durch radikale Transparenz im Unternehmen können Mitarbeitende mehr Verantwortung übernehmen und Teams sich selbst besser organisieren. Die ermutigende Botschaft von Kerstin Friedrich ist auch, dass für das „Great Game of Business" keine anderen Spielenden an Bord geholt werden müssen, sondern lediglich die Spielregeln geändert werden müssen. Das Verhalten der meisten Spielenden ändert sich dann automatisch.

Am Ende dieser Reise stelle ich fest, dass die hier beschriebenen Werke starken Einfluss auf die Entwicklung der Organisation bei noventum und auf meine Beratungstätigkeit gehabt haben. Sie umfassen maximal 10 % meines Lesestoffs zu Führung, Management und Organisation. Ich konnte daraus aber 90 % meiner Ideen für ein selbstorganisiertes Unternehmen ziehen. Einige der oben beschriebenen Inspirationsquellen sind Bestseller der Business-Literatur, einige aber auch Geheimtipps. Wer noch Lust auf weiteren „Brainstuff" zu Themen der Selbstorganisation hat, kann in der Literaturliste im Anhang fündig werden.

2.11   Sucht Euch exzellente Sparringspartner!

Grau ist alle Theorie. Bevor Ihr das aus Büchern Gelernte in Eurer Organisation anwendet, sucht den Dialog mit Experten und Praktikern. Meine allergrößten Aha-Erlebnisse hatte ich während intensiver Diskussionen mit Gleichgesinnten. Viele davon habe ich in Communities bzw. Verbänden gefunden. Mit Unternehmenden und Führungskräften, die mit einem ähnlichen Werte-, Ziel- und Organisationsverständnis in die Welt blicken, entwickelte sich schnell ein vertrauter und inspirierender Austausch. Das schaffte Optimismus und Selbstvertrauen für den intern manchmal steinigen Weg der Transformation.

Schließlich möchte ich Euch ermutigen, mit den Autoren der oben genannten Bücher Kontakt aufzunehmen. In vielen Fällen ist das viel einfacher, als Ihr denkt. Diese Menschen haben oft ein großes Interesse an Resonanz und geben ihr Wissen meist gerne weiter. Ich habe mit vielen der Autoren einen intensiven Austausch und in manchen Fällen eine freundschaftliche Beziehung aufgebaut. Einige haben bei der Organisationsentwicklung von noventum konkret durch Workshops und Beratung einen wichtigen Beitrag geleistet.

Literatur

Arnold, Hermann, Wir sind Chef: Wie eine unsichtbare Revolution Unternehmen verändert, Haufe 2016

Beck, Don Edward, Cowan, Christopher C., Spiral Dynamics: Mastering Values, Leadership and Change, Blackwell 1996

Borgert, Stephanie, Resilienz im Projektmanagement: Bitte anschnallen, Turbulenzen! Erfolgskonzepte adaptiver Projekte, Springer Gabler 2013

Borgert, Stephanie, Die Irrtümer der Komplexität: Warum wir ein neues Management brauchen, GABAL 2015

Borgert, Stephanie, Unkompliziert!: Das Arbeitsbuch für komplexes Denken und Handeln in agilen Unternehmen, GABAL 2018

Borgert, Stephanie, Die kranke Organisation: Diagnosen und Behandlungsansätze für Unternehmen in Zeiten der Transformation, GABAL 2019

Corssen, Jens, Der Selbst-Entwickler: Das Corssen Seminar, marix Verlag 2004

Dietz, Angela, Gesundes Kommunizieren: Für ein erfolgreiches, wertschätzendes und menschliches Miteinander, BusinessVillage 2016

Faschingbauer, Michael, Effectuation: Wie erfolgreiche Unternehmer denken, entscheiden und handeln, Schäffer-Poeschel 2017

Franke, Sven, Hornung, Stefanie und Nobile, Nadine, New Pay – Alternative Arbeits- und Entlohnungsmodelle, Haufe 2019

Friedrich, Kerstin, Das große 1x1 der Erfolgsstrategie: EKS® – Die Strategie für die neue Wirtschaft, Gabal 2009

Friedrich, Kerstin, Spielregeln für Game Changer: Den Teamgeist entfesseln durch radikale Transparenz und Gamifizierung, GABAL 2020

Fuchs, Carsten, Zukunft entscheiden!: Wie Unternehmen die Angst vor dem Morgen überwinden und Heimat werden, Orgshop GmbH 2019

Grant, Adam, Give and Take: Why Helping Others Drives Our Success, W&N 2014 Grant, Adam, Give and Take: Why Helping Others Drives Our Success, W&N 2014

Joiner, Bill, Leadership Agility: five levels of mastery for anticipating and initiating change, Jossey-Bass 2006

Küster, Hermann, Leadership Agility – die Führungsherausforderung in der IT. In: Lang, M.: CIO 3.0: Die neue Rolle des IT Managers. Symposium Publishing 2014

Laloux, Frederic, Reinventing Organizations: A Guide to Creating Organizations, Nelson Parker 2014

Leopold, Klaus, Agilität neu denken: Warum agile Teams nichts mit Business-Agilität zu tun haben, LEANability GmbH 2018

Merath, Stefan, Der Weg zum erfolgreichen Unternehmer: Wie Sie und Ihr Unternehmen neue Dynamik gewinnen, GABAL 2008

Merath, Stefan, Die Kunst, seine Kunden zu lieben: Neurostrategie® für Unternehmer, GABAL 2011

Mönninghoff, Josef, Führen hat Folgen: selbstbewusst und erfolgreich miteinander, Pabst Science Publishers 2015

Nowotny, Valentin, Agile Unternehmen – Nur was sich bewegt, kann sich verbessern, BusinessVillage 2018

Oestereich, Bernd, Schröder, Claudia, Das kollegial geführte Unternehmen: Ideen und Praktiken für die agile Organisation von morgen, Vahlen 2016

Oestereich, Bernd, Schröder, Claudia, Agile Organisationsentwicklung: Handbuch zum Aufbau anpassungsfähiger Organisationen, Vahlen 2019

Permantier, Martin, Haltung entscheidet: Führung & Unternehmenskultur zukunftsfähig gestalten, Vahlen 2019

Pink, Daniel H., Drive: Was Sie wirklich motiviert, Ecowin 2020

Pfläging, Niels, Beyond Budgeting, Better Budgeting: Ohne feste Budgets zielorientiert führen und erfolgreich steuern, BoD – Books on Demand 2011

Pfläging, Niels, Führen mit flexiblen Zielen: Praxisbuch für mehr Erfolg im Wettbewerb, Campus Verlag 2011

Pfläging, Niels, Organisation für Komplexität: Wie Arbeit wieder lebendig wird – und Höchstleistung entsteht, Redline Verlag 2014

Pfläging, Niels, Komplexithoden: Clevere Wege zur (Wieder)Belebung von Unternehmen und Arbeit in Komplexität, Redline Verlag 2015

Robertson, Brian J., Holacracy: Ein revolutionäres Management-System für eine volatile Welt, Vahlen 2016

Rosenberg, Marshall B., Gewaltfreie Kommunikation: Eine Sprache des Lebens, Junfermann Verlag 2016

Smit, Kurt, Kottmann, Thomas, Führungsethik: Erkenntnisse aus der Soziobiologie, Neurobiologie und Psychologie für werteorientiertes Führen, Springer Gabler 2014

Smit, Kurt, Kottmann, Thomas, Von einer Wettbewerbs- zu einer Kooperationskultur: Ein Modell zur Stärkung des Kooperationsverhaltens in Unternehmen, Springer Gabler 2019

Stack, Jack, Burlingham, Bo et al., The Great Game of Business – The Only Sensible Way to Run a Company, Crown Business 2013

Sutherland, Jeff, Scrum: The Art of Doing Twice the Work in Half the Time, Random House Business 2015

Sutherland, Jeff, Die Scrum-Revolution: Management mit der bahnbrechenden Methode der erfolgreichsten Unternehmen, Campus Verlag 2015

Vollmer, Lars, Wrong Turn – Warum Führungskräfte in komplexen Situationen versagen, Orell Füssli 2014

Vollmer, Lars, Zurück an die Arbeit – Back To Business: Wie aus Business-Theatern wieder echte Unternehmen werden, Linde Verlag 2016

Vollmer, Lars, Wie sich Menschen organisieren, wenn ihnen keiner sagt, was sie tun sollen, intrinsify.me GmbH 2017

Wellensiek, Sylvia Kéré, Handbuch Resilienz-Training: Widerstandskraft und Flexibilität für Unternehmen und Mitarbeiter, Beltz 2011

Zeuch, Andreas, Alle Macht für niemand. Aufbruch der Unternehmensdemokraten, Murmann Publishers 2015

Leitfaden

3

3.1 Ein Patentrezept zur Befreiung aus der Komplexitätsfalle?

Nun kommen wir zum Kern des Buches, dem versprochenen Leitfaden. Ist es seriös, einen Leitfaden zum Umgang mit Komplexität zu geben? Ich glaube schon, dass es Organisationsmuster gibt, die hilfreich sind und die als Kopiervorlage dienen können. In diesem Kapitel fasse ich aus der Vielzahl der Optionen, die uns die Autoren in Kap. 2 aufgezeigt haben, einige wenige sehr praktische Organisationshilfen zusammen. Dies ist ein Destillat aus den zuvor dargestellten Konzepten, welche ich in meinem Unternehmen noventum erprobt und mit vielen weiteren Unternehmenden diskutiert habe. noventum ist seit vielen Jahren mein „Labor" für diese Erprobung und Umsetzung interessanter und erfolgversprechender Konzepte. Ich spiegele in diesem Leitfaden die praktische Anwendung der „Rezepte" beispielhaft in der Organisationspraxis von noventum. Dadurch möchte ich einen lebendigen und realen Hintergrund vorstellen, der für Euren eigenen Theorie-Praxis-Transfer als Anregung dienen kann. Viele Elemente der von uns umgesetzten Konzepte habe ich auch in anderen modernen Unternehmen wiedergefunden.

Entstanden ist ein umfassendes und praktikables Rezept, mit dem viele Aspekte von Selbstorganisation gelingen. Es ist sicher nicht vollständig, aber beinhaltet wesentliche Elemente der Unternehmensorganisation. Sicherlich könnte man vieles auch anders organisieren, aber so wie ich es beschreibe, funktioniert es mit großer Wahrscheinlichkeit. Natürlich sind individuelle Anpassungen und Ergänzungen möglich bzw. erforderlich.

Die Elemente des in diesem Kapitel beschriebenen Organisationskonzepts funktionieren am besten bei Unternehmen zwischen 50 und 200 Mitarbeitenden, je nach Leitungsspannen, Vielfältigkeit der Organisation, Partizipationsgrad der Mitarbeitenden und einigen anderen Einflussfaktoren. Bei Organisationen mit mehr als 200 Mitarbeitenden empfehle ich, dass möglichst autarke Unternehmensteile von jeweils 50 bis 200

U. Rotermund, *Ausbruch aus der Komplexitätsfalle*,
https://doi.org/10.1007/978-3-662-62928-4_3

Mitarbeitenden „geschnitten" werden, die nach den unten beschriebenen Prinzipien und Spielregeln geführt werden. Für die Bündelung und Koordination dieser Unternehmensteile sind dann weitere Prozesse und Entscheidungskreise erforderlich, die ich am Ende des Kapitels darstellen werde.

An dieser Stelle möchte ich für alle Experten von agilen Methoden und insbesondere Scrum-Kenner darauf hinweisen, dass ich unten zwar einige Rollen, Artefakte, Ereignisse und Regeln erwähne, die ich aus der Scrum-Welt entliehen habe, dass es mir jedoch hier nicht primär um die adaptive Produktentwicklung geht, sondern um das Fundament eines Organisationsmodells. Das hier dargestellte Organisationsmodell bietet jedoch eine gute Grundlage für die Produktentwicklung nach Scrum bzw. einem skalierten Scrum, da die Werte und Prinzipien voll kompatibel sind. Produktentwicklung nach Scrum erfolgt in einer anderen Dimension als das Organisationsmodell. Beide Dimensionen verstärken die modernen agilen Prinzipien:

Agile Prinzipien
- Make People awesome – Macht Menschen genial
- Experiment and learn rapidly – Experimentiert und lernt zügig
- Deliver value continuously – Liefert kontinuierlich Werte
- Make safety a prerequisite – Macht Sicherheit zu einer Grundvoraussetzung

Kommen wir nun zum Rezept bzw. zum Leitfaden (siehe Abb. 3.1).

Unter https://poster-komplexitaetsfalle.noventum.de könnt Ihr dieses Rezept als Poster in Papierversion anfordern oder als pdf-Dokument herunterladen.

3.2   Zutat 1: Entwicklung und Förderung von Vertrauenskultur

Die Grundlage für Selbstorganisation, Agilität und vieles mehr ist Vertrauen. Ein Wort, das in fast jedem Leitbild benutzt wird und dessen Ausprägung sehr unterschiedlich ist. Welches Vertrauensbekenntnis ist nun echt, welches lediglich ein Wunsch und welches ist pure Heuchelei? Und selbst, wenn es die Mächtigen wirklich ernst meinen mit dem Vertrauen, darf es nicht allein bei der Haltung bleiben, sondern es muss tief in der Unternehmenskultur verwurzelt sein und immer wieder erneuert werden.

Dies geschieht am einfachsten durch regelmäßige anonyme Mitarbeitendenbefragungen und die ehrliche Bereitschaft, aus den Ergebnissen zu lernen. Ich empfehle dazu den Fragenkatalog des *Great Place to Work® Instituts*, der aus 63 Thesen zu Glaubwürdigkeit, Respekt, Fairness, Stolz und Teamgeist besteht. Die Fragen habe ich in meinem Buch „Glücklich Führen" (Rotermund 2013) aufgelistet. Ich empfehle, eine umfassende anonyme Mitarbeitendenbefragung alle 1–2 Jahre durchzuführen und dann intensive Analyse-

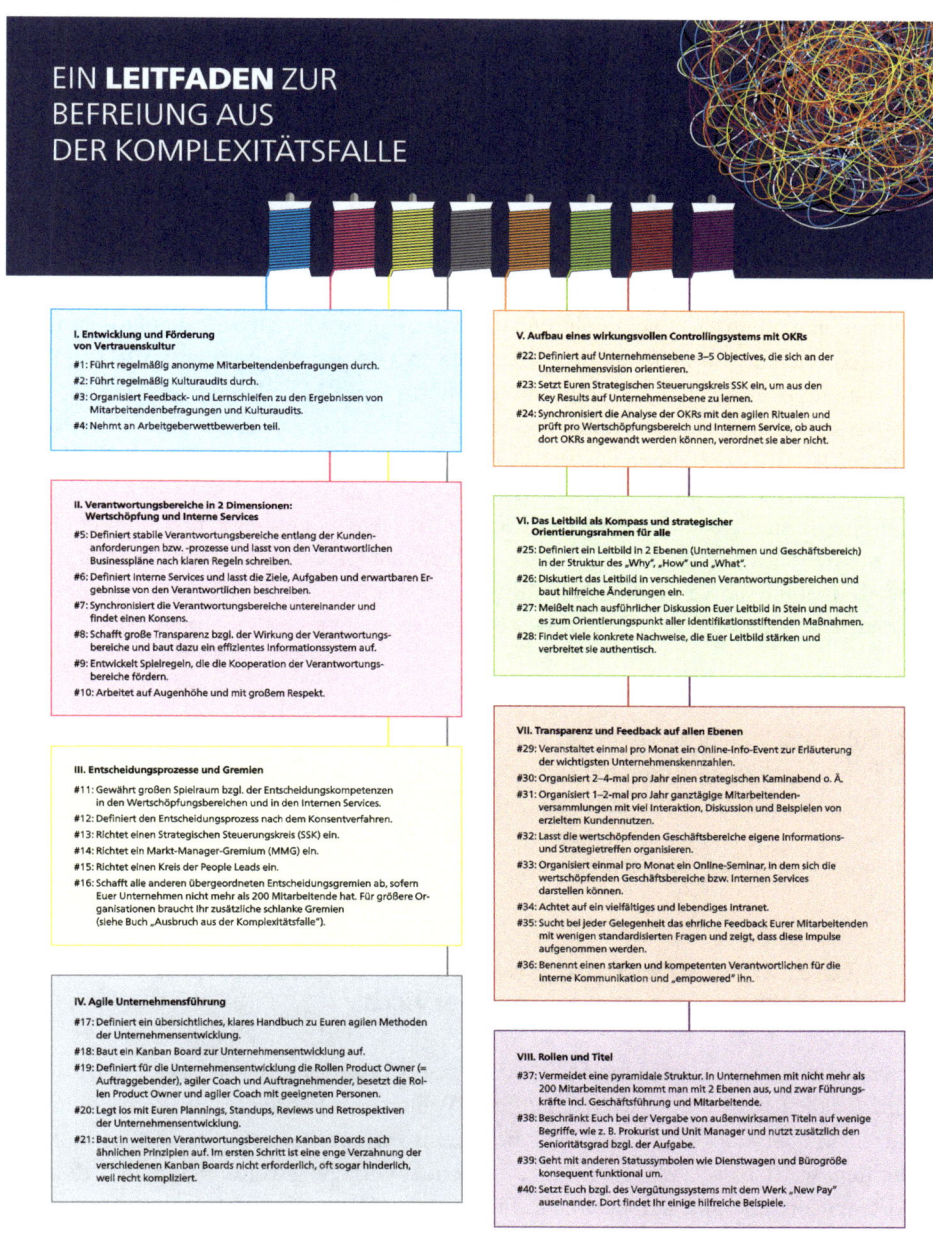

Abb. 3.1   Ein Leitfaden zur Befreiung aus der Komplexitätsfalle

und Verbesserungsworkshops durchzuführen. Nur wenn auf die Befragung und die Ergebnisauswertung ausführliche Feedback- und Lernprozesse folgen, entsteht das Fundament für Vertrauenskultur. Im Rahmen der anonymen Mitarbeitendenbefragung kann eine Vorgesetztenbewertung erfolgen. Ich befürworte dies sehr, denn das Benchmarking der Vertrauenswürdigkeit von Vorgesetzten führt zu einer erwünschten Erwartung an die Führungsleistung. Hilfreich ist, wenn zu den jährlichen Befragungen monatliche anonyme „Puls Checks" mit einigen ganz wenigen Kernfragen erfolgen, welche als Key Performance Indicators in die Unternehmenssteuerung Eingang finden.

Zusätzlich zu den anonymen Befragungen empfehle ich sog. Kulturaudits. Dabei werden die implementierten Spielregeln und Strukturen entweder im Selbstaudit oder durch externe Experten in Hinblick auf die Förderung von Vertrauenskultur überprüft. Die Überprüfung findet in einer klaren Struktur im Rhythmus von 1 bis 2 Jahren statt, idealerweise synchron zur großen Mitarbeitendenbefragung. Hilfreich ist dabei auch das externe Benchmarking mit exzellenten anderen Arbeitgebenden.

Wenn anonyme Mitarbeitendenbefragungen und Kulturaudit zusammengeführt werden, ist eine Teilnahme an Great Place to Work® Arbeitgeberwettbewerben möglich. Diese haben in vielerlei Hinsicht einen großen Charme. Zum einen erhöht sich durch die Wettbewerbsteilnahme die Verbindlichkeit und Aufmerksamkeit deutlich, zum anderen besteht die Chance, von anderen exzellenten Wettbewerbsteilnehmenden zu lernen.

Praxistipps

#1: Führt regelmäßig anonyme Mitarbeitendenbefragungen durch.
#2: Führt regelmäßig Kulturaudits durch.
#3: Organisiert Feedback- und Lernschleifen zu den Ergebnissen von Mitarbeitendenbefragungen und Kulturaudits.
#4: Nehmt an Arbeitgeberwettbewerben teil. ◄

3.3   Zutat 2: Verantwortungsbereiche in 2 Dimensionen: Wertschöpfung und Interne Services

In selbstorganisierten Unternehmen ist die Verantwortung dezentral organisiert, immer nah am Kunden bzw. an der Wertschöpfung. Wenn Verantwortung und Entscheidungen dezentralisiert werden sollen, müssen die Verantwortungsbereiche intelligent und klar geschnitten werden. Ich empfehle dazu folgende Vorgehensweise: Schneidet die Verantwortungsbereiche in 2 Dimensionen. In der ersten Dimension geht es um die direkten Wertschöpfungsprozesse. Das sind die Bereiche, deren Arbeit unmittelbar in das „Produkt" einfließt und die daher von direkter Bedeutung für den Kunden sind. Stellt Euch in die Schuhe Eurer Kunden und überprüft, wie aus deren Sicht die Prozesse in Eurem Unternehmen schnell und wirkungsvoll abgebildet werden können. Baut Eure Organisation so auf, dass auf Kundenbedürfnisse direkt und schnell reagiert werden kann und minimiert die Schnittstellen in Eurem Unternehmen. Baut crossfunktionale Teams auf und achtet mehr auf Kundennähe als auf Zentralisierung von Unterstützungsfunktionen. Wir bei noventum als Projektdienstleister haben dazu Dutzende von Dienstleistungsangeboten auf den Tisch gelegt und sie schließlich in 6 Kompetenzbereichen gebündelt. Für jeden Kompetenzbereich haben wir Verantwortliche gesucht, die dann einen sog. Businessplan erstellt haben, dazu später mehr. Die Geschäftsbereiche dieser Dimension nenne ich hier Wertschöpfungsbereiche.

Die zweite Dimension der Verantwortungsbereiche sind die internen Services. Diese nehmen nur die Aufgaben wahr, die nicht effizient in den Wertschöpfungsbereichen erledigt werden können. Jeder interne Service definiert seine Ziele, welche sich an den Unternehmenszielen orientieren. Er erstellt einen dynamischen Service- und Kostenplan und steuert sich über ein *Kanban Board* o. Ä. Von innerbetrieblicher Leistungsverrechnung halte ich wenig. Oft entstehen dadurch mehr Aufwand und interne Verhandlung als sinnvoll. Die Geschäftsbereiche dieser Dimension nenne ich hier und im Folgenden „Interne Services".

3.3.1   Dezentrale Wertschöpfung – Unternehmen im Unternehmen

In der Dimension der Wertschöpfungsbereiche werden Führungskräfte benannt, die sowohl den aktuellen Kundennutzen als auch innovative Entwicklungen in ihrem Verantwortungsbereich im Blick behalten. Zusätzlich sind sie für die Mitarbeitendengewinnung und -entwicklung in ihrem Verantwortungsbereich verantwortlich. Dazu lassen sie sich von den Internen Services helfen. Die in den Wertschöpfungsbereichen eingesetzten Mitarbeitenden haben einen direkten persönlichen Vorgesetzten, mit dem sie über ihre Sorgen und Nöte, aber auch besonders über ihre Entwicklungsperspektiven sprechen können. Dieser Vorgesetzte ist bei erfahrenen Mitarbeitenden eher Coach, bei weniger Erfahrenen auch Unterstützer bei der Arbeitsorganisation. Ich bevorzuge das Modell, dass die persönliche Vorgesetztenbeziehung eng an der fachlichen Führung hängt. Damit ist eine individuelle Entwicklung sehr zielgerichtet.

Für die Dimension der Wertschöpfungsbereiche empfehle ich das Entwickeln von Businessplänen, die sich an den Grundsätzen der engpassorientierten Strategie EKS® orientieren. Jeder dieser Bereiche, die wir bei noventum SBU = Strategic Business Unit nennen, agiert damit wie ein Unternehmen im Unternehmen bzw. wie ein Unternehmen in einer Holdingstruktur. Es ist wichtig, dass die Businesspläne in gleicher Struktur erstellt werden.

Um dem Gedanken eines Unternehmens im Unternehmen zu folgen, definieren die noventum-Wertschöpfungsbereiche in ihren Businessplänen relativ vollständig, was sonst ausschließlich auf oberer Unternehmensebene und zentral festgelegt wird.

Als Strukturelemente empfehle ich:

- ein Mission Statement bzw. einen Elevator Pitch
- Beschreibung der Produkt- bzw. Dienstleistungseigenschaften incl. des Kundennutzens

- Wettbewerbssituation der Produkte/Dienstleistungen und eigene Wettbewerbsvorteile
- Qualifikationsplan der direkt zugeordneten Mitarbeitenden
- Kooperationspartner
- Idealkunden bzgl. Branche, Größe, Rolle des Hauptansprechpartners
- Referenzen und Erfahrungen
- Marketing- und Kommunikationsstrategie
- Vertriebsstrategie
- Kooperationspotenzial mit den anderen Wertschöpfungsbereichen
- Innovation innerhalb des Bereichs
- Anforderungen an Interne Services, z. B. Personalwesen, Marketing, Informationstechnik

Diese Definitionen liegen in großer Selbstverantwortung der Menschen, die die Verantwortung für ihren Bereich tragen. Verantwortliche sind die in den Bereichen tätigen Unit Manager, dazu später mehr. Wenige übergeordnete Regeln sind verbindlich:

- die Deckungsbeitragserwartung, die sich aus den Unternehmenszielen und gemeinschaftlich vereinbarten Verteilungsregeln definiert
- ein Commitment zu dem Leitbild incl. Wertesystem und Organisationsmodell, s. u.

Darüber hinaus agieren die Wertschöpfungsbereiche voll eigenverantwortlich und unternehmerisch. Ihnen wird von den anderen Bereichen sowie von den Internen Services ein großer Vertrauensvorschuss gegeben. Dieses Vertrauen beruht auf Gegenseitigkeit. Das generelle Vertrauen wird unterstützt durch ein hohes Maß an Transparenz bzgl. der Businessplanerreichung.

3.3.2 Interne Services: Dienstleistung ohne Leistungsverrechnung

Die kundennahen Bereiche agieren weitgehend kooperativ und autonom zugleich. Interne Services hingegen kümmern sich um einen klaren Rahmen und sind Dienstleister im eigenen Unternehmen. Auch sie müssen Klarheit über ihre Ziele und Aufgaben haben. Wie ein klassischer interner Dienstleister erstellen sie jedoch keine Businesspläne, sondern eine kurze Skizze bzgl. ihrer Ziele, Aufgaben und Erfolgskriterien. Auch hier gilt das Prinzip der starken Eigenverantwortlichkeit. Sie machen dem Gesamtunternehmen Leistungsangebote. Diese Angebote stimmen sie mit den anderen Internen Services, den Wertschöpfungsbereichen und der Unternehmensleitung ab.

Dabei geht es nicht um Vollständigkeit, sondern um Klärung der gegenseitigen Erwartungen. Als Interne Services haben wir bei noventum definiert:

- Unternehmensentwicklung/Strategie/Markenmanagement
- Business Development/Innovation

- Unternehmenssteuerung/Controlling
- Finanzen
- Marketing/externe Kommunikation/interne Kommunikation
- Menschen und Kultur (vormals HR)
- Vertriebsorganisation
- IT, Infrastruktur, Technik, Administration
- Qualitätsmanagement/Prozessmanagement/Standards

In anderen Branchen mögen andere Interne Services von Relevanz sein. Unabhängig davon gilt immer das föderale Prinzip. Alles, was in den Wertschöpfungsbereichen geleistet werden kann, soll auch dort geleistet werden. Kundennähe hat Vorrang vor den Skaleneffekten einer Zentralorganisation. Die Internen Services verstehen sich als hauseigener Dienstleister mit Spezialkompetenz und als Moderator zur Bündelung von gemeinschaftlichen Interessen, Standards und Vorhaben.

3.3.3 Wertschöpfung und Interne Services auf Augenhöhe: Transparenz und gegenseitiges Vertrauen

Mit den beschriebenen unterschiedlichen Verantwortungsbereichen kann die Unternehmensorganisation in ihrer Gesamtheit abgebildet werden, und zwar weitgehend ohne hierarchisches Organigramm. Die Verantwortungsbereiche agieren auf Augenhöhe, dabei gilt das Prinzip des gegenseitigen Vertrauens und der gegenseitigen Wertschätzung. Dies gelingt dann besonders gut, wenn große Transparenz herrscht, oft projektbezogene Zusammenarbeit gelebt wird und die Anreizsysteme auf die Gemeinsamkeiten fokussiert sind. Auch die Mächtigen stehen nicht über dem System, sondern nehmen eine Dienstleistungsrolle als verantwortliche Führungskraft in den Internen Services oder in den Wertschöpfungsbereichen wahr. Nahezu alle Entscheidungen werden in diesen Verantwortungsbereichen getroffen. Bei übergeordnetem Entscheidungsbedarf tritt der Strategische Steuerungskreis in Aktion (siehe später unten).

3.3.4 Führungskräfte sind Coaches und Strategen

Brauchen wir in diesem System noch Führungskräfte? Ich meine schon. Führungskräfte, die sich um die Orientierung und Entwicklung der Menschen kümmern und solche, die für die Strategie und die Wirkung des unternehmerischen Handelns in allen Bereichen Verantwortung tragen.

Erstere nenne ich in der Folge „People Coaches", die zweite Gruppe sind hier „Strategists". Ich bevorzuge es, wenn beide Führungsrollen in einer Person vereint sind. Der Vorteil ist dann, dass die Ausrichtung der Menschen auf die Strategie des Unternehmens sehr homogen verläuft. Ich kenne jedoch auch moderne Unternehmen, die diese beiden Führungsrollen strikt trennen, um in beiden Rollen absolute Profis zu haben.

Manche Unternehmensbereiche sind groß und es müssen viele Themen und sehr viele Menschen organisiert werden. In meinem Unternehmen noventum ist der größte Geschäftsbereich mit 35 Mitarbeitenden besetzt. Dort sind mehrere Führungskräfte aktiv, die sich die fachliche Verantwortung und die für die Mitarbeitenden teilen. Sie erarbeiten gemeinsam im Konsens den Businessplan ihres Geschäftsbereichs und steuern ihren Bereich entsprechend. Jeder Mitarbeitende ist eindeutig einer Führungskraft zugeordnet. Wenn mehr als 5 Führungskräfte in einem Geschäftsbereich agieren, ist die Gefahr groß, dass es kompliziert wird. Davon rate ich ab. Ebenso ist eine Leitungsspanne von mehr als 20 Mitarbeitenden oft kritisch. Somit dürfte in dem hier dargestellten Organisationsmodell die Größe eines Wertschöpfungsbereichs auf 100 Mitarbeitende limitiert sein.

Für Interne Services gelten sehr ähnliche Grundsätze. Ihre Mitarbeitenden haben ebenso Führungskräfte mit den Rollen „People Coach" und „Strategist".

Eine Besonderheit Interner Services ist, dass sie oft nur eine Aufgabe für einen Verantwortlichen beschreiben und darüber hinaus keine fest zugeordneten Mitarbeitenden haben. Beispielsweise bin ich als Geschäftsführer bei noventum verantwortlich für die Internen Services Unternehmensentwicklung/Strategie/Markenmanagement sowie für Unternehmenssteuerung/Controlling. In dieser Rolle bewältige ich meine Aufgaben ausschließlich selbst und ohne weitere feste Mitarbeitenden. Wie alle anderen Verantwortungsträger muss ich aber die Ziele meiner Services definieren, diese mit den anderen Verantwortlichen auf Augenhöhe vereinbaren und dann entsprechend liefern. Das ist „Servant Leadership".

Die klare Definition von Verantwortungsbereichen gibt den Verantwortlichen einen festen Rahmen, in dem sie agieren und entscheiden können. Sie sind damit Unternehmende im Unternehmen. Dabei gilt, dass sie den anderen Verantwortlichen genauso viel Vertrauen schenken, wie sie selbst Vertrauen erhalten möchten.

Damit das Ganze erfolgreich zusammenwirken kann, braucht es ein hohes Maß an effizienter Transparenz und an einem gemeinsamen Kompass. Beides wird später noch in den Punkten „Objectives und Key Results" und „Strategischer Kompass" erläutert.

Praxistipps

#5: Definiert stabile Verantwortungsbereiche entlang der Kundenanforderungen bzw. -prozesse und lasst von den Verantwortlichen Businesspläne nach klaren Regeln schreiben.

#6: Definiert Interne Services und lasst die Ziele, Aufgaben und erwartbaren Ergebnisse von den Verantwortlichen beschreiben.

#7: Synchronisiert die Verantwortungsbereiche untereinander und findet einen Konsens.

#8: Schafft große Transparenz bzgl. der Wirkung der Verantwortungsbereiche und baut dazu ein effizientes Informationssystem auf.

#9: Entwickelt Spielregeln, die die Kooperation der Verantwortungsbereiche fördern.

#10: Arbeitet auf Augenhöhe und mit großem Respekt. ◀

3.4   Zutat 3: Entscheidungsprozesse und Gremien

Zentrale Steuerung wird zunehmend von dezentraler Steuerung abgelöst. Wenn wichtige Entscheidungen und Entwicklungen im Unternehmen nicht willkürlich und in jeder Abteilung anders aussehen sollen, müssen die Verantwortlichen immer wieder miteinander sprechen. Dazu braucht es abgestimmte Entscheidungsprozesse und Gremien, die traditionelle Aufbauorganisationen nachhaltig verändern. Die Hierarchie als Entscheidungsträger wird zugunsten eines kollegialen Prinzips entlastet.

Für alle Abteilungen und Verantwortungsbereiche gilt das gleiche Prinzip: so viel dezentrale Entscheidungen wie möglich, so viele gemeinsame Entscheidungen wie nötig.

Wenn nach diesem Prinzip Entscheidungen in den Verantwortungsbereichen getroffen werden, ist ein sehr großes Maß an Kundennähe, Flexibilität, Motivation und Geschwindigkeit erreicht. Das Problem, das in den Verantwortungsbereichen dann unverantwortlich gehandelt wird, habe ich in meiner langen Berufserfahrung noch nie erlebt, insbesondere, wenn gleichzeitig das Transparenzprinzip gilt.

3.4.1   Konsentverfahren stärkt die Verantwortung und beschleunigt Entscheidungen

Wenn Entscheidungen mehrere Bereiche betreffen, gilt es, effiziente Klärungsprozesse herbeizuführen. Dafür schlage ich die Anwendung des Konsentverfahrens vor. Dieses funktioniert wie folgt:

Will ein Verantwortungsbereich eine Entscheidung treffen, die weitere oder alle anderen Bereiche signifikant betrifft, entwickelt der initiierende Bereich einen Entscheidungsvorschlag, den er den Repräsentanten der anderen Bereiche erläutert.

Die Verantwortlichen stellen dazu erst ein schriftliches Dokument bereit und sammeln Fragen, Hinweise und Bedenken per Onlineumfrage ein. Anschließend werden in einer Videokonferenz diese Reaktionen gemeinsam diskutiert. Eine vollständige Klärung wird in diesem ersten Schritt noch nicht angestrebt, drängende Fragen werden jedoch direkt beantwortet. Nach der Videokonferenz überarbeitet der Verantwortliche seinen Entscheidungsvorschlag oder lässt ihn unverändert, wenn er davon überzeugt ist, auf dem richtigen Weg zu sein. Die ggf. überarbeitete Version wird den Repräsentanten der anderen Verantwortungsbereiche erneut vorgestellt. Diesmal jedoch nur mit einer Frage: „Bedroht die Umsetzung dieses Entscheidungsvorschlages das Unternehmen?" Antworten die Befragten mit „NEIN, aber ich hätte es anders gemacht", gilt die Entscheidung als getroffen und wird von allen Parteien offensiv und positiv gegenüber dem Gesamtunternehmen vertreten. Das Prinzip des Vertrauens in die Kompetenz der Verantwortlichen anderer Bereiche beendet hier den Diskussionsprozess. Sollte jedoch die Antwort einzelner Befragter lauten: „JA, diese Entscheidung würde dem Gesamtunternehmen erheblichen Schaden zufügen", ist der Vorschlag im Sinne eines Vetos abgelehnt. Jetzt müssen die involvierten

Parteien solange miteinander diskutieren, bis ein Kompromiss im Konsens erfolgt ist. Da dieses Ringen um einen Kompromiss häufig sehr zeitaufwändig und kräftezehrend ist, darf das Veto nur in wirklich kritischen Fällen ausgesprochen werden.

3.4.2   Der „Strategische Steuerungskreis" hat immer das ganze Unternehmen im Blick

Die Entscheidungsprozesse, die bei der Klärung zwischen mehreren Verantwortungs-bereichen angewandt werden, finden in ähnlicher Form auch bei unternehmensweiten Ent-scheidungen Anwendung. Hierzu hilft uns bei noventum der „Strategische Steuerungs-kreis", kurz SSK genannt. Er ist mit allen Führungskräften aller Verantwortungsbereiche und ggf. weiteren Unternehmensstrategen besetzt. Initiierende Verantwortliche stellen ihren Entscheidungsvorschlag wie oben beschrieben vor und sammeln Fragen, Hinweise und Bedenken ein. Im Anschluss erstellen sie einen überarbeiteten Vorschlag und fragen alle SSK-Mitglieder, ob der überarbeitete Vorschlag signifikante Risiken für das Unter-nehmen beinhaltet und ob sie deshalb ein Veto einlegen möchten. Auch hier sollte die Veto-Hürde kulturell sehr hoch liegen.

An dieser Stelle sei auf einige kulturelle Voraussetzungen hingewiesen, die diese Form der Entscheidungsfindung effizient möglich machen:

- Die Entscheidung, welche Themen aus dem Verantwortungsbereich herausgetragen werden, weil sie signifikant für andere sind, trifft allein der initiierende Verantwort-liche. Er hat dazu das Vertrauen aller anderen und vice versa. Feste Spielregeln ent-mündigen, es sei denn, das Gesetz sieht sie vor.
- Mit dem Veto gehen alle Verantwortlichen sehr sparsam um, denn es gilt das Prinzip des gegenseitigen Vertrauens auf Basis einer gründlichen Reflexion.

Ein Strategischer Steuerungskreis ersetzt klassische hierarchische Entscheidungs-gremien, dient aber nicht in erster Linie als Schrankenwärter, der manche Vorschläge durchlässt und andere ablehnt, sondern als Reflexions- und Beratungsgremium für ver-antwortlich agierende Geschäftsbereichsleiter. Die Ablehnung eines Vorschlages in Form eines Vetos durch ein Mitglied des SSK ist die absolute Ausnahme. Dem Gremium sollten alle Führungskräfte des Unternehmens angehören wie auch weitere Schlüsselspielende und Multiplikatoren, die Lust auf Strategie und Unternehmensentwicklung haben. Eine zahlenmäßige Obergrenze sehe ich nicht, da es in diesem Gremium ja weder um Konsens-bildung noch um das Ausdiskutieren von Entscheidungsvorschlägen geht. Ein großer SSK hat das Potenzial, die für das gesamte Unternehmen relevanten Entscheidungen auf breiter Basis transparent und nachvollziehbar zu machen und bietet Raum für Partizipation und damit für Identifikation.

Der noventum-SSK arbeitet nach agilen Prinzipien und mit agilen Rhythmen. Alle 3 Monate investieren wir in diesem Kreis einen Tag zur ausführlichen Diskussion der relevanten Themen. Dies beinhaltet ein Review, eine Retrospektive und ein Planning im agilen Sinn. Zusätzlich empfehle ich, alle 1–2 Wochen ein 20–30-minütiges Stand-up, um alle Themen im Blick zu behalten und Hürden zu identifizieren. Die Einzelheiten dieser agilen Arbeitsweise sind unten bei der Zutat 4 ausführlicher beschrieben.

Der noventum-SSK ist das Gremium, das auch die per OKR dokumentierte Unternehmenssteuerung reflektiert und daraus ggf. Maßnahmen entwickelt. Diese Prozesse sind bei der Zutat 5 weiter ausgeführt. Alle Treffen des SSK können online wirkungsvoll per Videokonferenz, z. B. mit MS Teams, erfolgen. Einmal im Jahr versammelt sich der noventum-SSK zu einem mindestens zweitägigen physischen Treffen. Hierbei geht es uns sowohl um die zyklischen Standardaufgaben, ganz besonders jedoch auch um Pflege und Weiterentwicklung der Vertrauensbeziehungen. Es ist uns wichtig, nicht nur an der Regeltagesordnung zu arbeiten, sondern persönliche Aspekte und Erlebnisse, die auf die Beziehungsebene wirken, zu fördern.

3.4.3   Arbeitsgruppen ersetzen Hierarchie

In unserem Unternehmen haben wir neben diesem Organisationsmodell keine weitere hierarchische Ebene. Es ist jedoch empfehlenswert, neben dem SSK auch noch 2 weitere unternehmensweite Arbeitsgruppen zu etablieren.

Die eine Gruppe initiiert und fördert unternehmensweite Innovationen und harmonisiert den Gesamtauftritt des Unternehmens am Markt. Dies ist das *Markt-Manager-Gremium*, kurz MMG. Mitglieder des MMG sind alle Führungskräfte, alle Vertriebsleute, die Schlüsselspielenden der Internen Services Marketing und Vertriebsorganisation und ggf. weitere marktinteressierte Mitarbeitende. Im MMG werden die Businesspläne der Wertschöpfungsbereiche reflektiert (aber nicht freigegeben) und unternehmensweite, geschäftsbereichsübergreifende Innovationen auf den Weg gebracht. Außerdem werden die Anforderungen an Marketing und Vertriebsorganisation diskutiert und konsolidiert. Umgekehrt verbreiten Marketing und Vertrieb ihre Ideen und Planungen zur Förderung der Unternehmensmarke, übergreifenden Kampagnen und allgemeinen Spielregeln und lassen sie von den übrigen Verantwortlichen reflektieren. Auch hier findet das Konsentverfahren mit dem Veto als Ultima Ratio Anwendung.

Führung ist immer auch Führung von Menschen und auch in einer dezentralen Organisation ist dieses Thema bedeutsam. Als weiteres Gremium haben wir bei noventum einen Kreis der *People Leads*. Das sind die Führungskräfte, die sich um die persönliche Entwicklung der ihnen zugeordneten Mitarbeitenden sorgen, diese fördern und coachen und hilfreiches Feedback geben. Dabei ist ein regelmäßiger und strukturierter Austausch aller People Leads sehr hilfreich. Dies ist kein hierarchisches Entscheidungsgremium, sondern ein Diskussionskreis, um die Anforderungen aus allen Geschäftsbereichen zu sammeln und möglichst einheitliche unternehmensweite Antworten zu finden. Die Verantwortung, mögliche neue übergreifende Spielregeln einzuführen, trägt in der Regel der Verantwortliche des Internen Services Personalwesen, der sowohl Mitglied des Kreises der People Leads wie auch SSK-Mitglied ist.

3.4.4   Die Rolle der Geschäftsleitung

Als Gremien für unternehmensweite Entscheidungen habe ich oben den SSK, das MMG und den Kreis der People Leads vorgestellt. Dort werden die wenigen verbleibenden Entscheidungen getroffen, die nicht in den Wertschöpfungsbereichen oder in den Internen Services getroffen werden, da sie signifikante übergeordnete Relevanz haben. SSK, MMG und der Kreis der People Leads sind nun aber nicht klassische hierarchische Gremien, sondern agieren konsultativ auf Augenhöhe und haben nur als letzten Not-Aus-Knopf das Veto. Darüber gibt es keine Entscheidungsgremien à la Geschäftsleitung o. Ä. Allerdings kommt den Mächtigen, d. h. den im Handelsregister eingetragenen Geschäftsführern, Vorständen u. Ä., eine Sonderrolle zu. Sie haben im Falle eines Vetos die Aufgabe, den Dissens aufzulösen und ggf. dann eine finale Entscheidung zu treffen. Dies sollte in der Praxis die absolute Ausnahme sein. Außerdem ist es die Aufgabe der Mächtigen, geeignete Personen für die einzelnen Verantwortungsbereiche zu benennen und diese im Notfall auch abzuberufen. Kluge Mächtige nutzen ihre Macht sehr selten und behutsam, um die Eigendynamik des Systems nicht zu zerstören.

Praxistipps

#11: Gewährt großen Spielraum bzgl. der Entscheidungskompetenzen in den Wertschöpfungsbereichen und in den Internen Services.

#12: Definiert den Entscheidungsprozess nach dem Konsentverfahren.

#13: Richtet einen Strategischen Steuerungskreis (SSK) ein.

#14: Richtet ein Markt-Manager-Gremium (MMG) ein.

#15: Richtet einen Kreis der People Leads ein.

#16: Schafft alle anderen übergeordneten Entscheidungsgremien ab, sofern Euer Unternehmen nicht mehr als 200 Mitarbeitende hat. Für größere Organisationen braucht Ihr zusätzliche schlanke Gremien, die ich am Ende dieses Kapitels beschrieben habe. ◄

3.5   Zutat 4: Agile Unternehmensführung

Agile Methoden helfen sehr bei der Etablierung von Selbstorganisation, denn in ihnen sind Transparenz, Partizipation, Verantwortung, Lernen, Fokus und Anpassungsfähigkeit verankert. Bei den agilen Methoden möchte ich insbesondere Scrum und Kanban hervorheben. Scrum wurde in den 90er Jahren von Jeff Sutherland „erfunden", um Softwareentwicklungsprojekte effizienter zu gestalten. Die in der Methodenbeschreibung dargestellten Prozeduren sind weitgehend übertragbar auf Organisationsprojekte aller Art, ja sogar oft auch auf den Regelbetrieb.

Agile Methoden können in unterschiedlichen Verantwortungsbereichen oder Projekten genutzt werden, um die Arbeit transparent und partizipativ zu strukturieren. An dieser

Stelle möchte ich insbesondere die agile Steuerung des Gesamtunternehmens darstellen, welche bei noventum im Team des Strategischen Steuerungskreises SSK erfolgt. Weitere agile Bereiche können in den Wertschöpfungsbereichen oder in den Internen Services unabhängig davon etabliert werden.

Angelehnt an Scrum beschreibe ich in einer vereinfachten Form hier 3 Rollen, 4 Rituale und 2 Prinzipien.

Wenn wir jetzt den Blick auf die Unternehmensentwicklung legen, lassen sich Rollen, Rituale und Prinzipien wie folgt definieren:

Agile Steuerung des Gesamtunternehmens
Rollen:
Product Owner
Agile Coach
Team

Rituale:
Planning
Retrospektive
Review
Stand-up

Prinzipien:
Fokus
Pull

Der **Product Owner** ist der Auftraggebende für alle übergreifenden Organisationsprojekte, die nicht in den Wertschöpfungsbereichen oder in den Internen Services bearbeitet werden. In der Regel ist der Verantwortliche für den Prozess „Unternehmensentwicklung" der Auftraggebende, eine ureigene Aufgabe der Geschäftsführung bzw. des Vorstands. Der Product Owner definiert in Abstimmung mit dem Team so konkret wie möglich seine Anforderungen und priorisiert diese. Nach Aufgabenerledigung durch das Team überprüft er, ob das geliefert wurde, was bestellt war, und nimmt die Aufgabe ab, sofern sie aus seiner Sicht erledigt ist.

Der **agile Coach**, der in der reinen Scrum-Lehre Scrum-Master heißt, kümmert sich darum, dass alle Rituale konsequent durchgeführt werden, dass Reibungen im Team beseitigt werden und dass Hindernisse beseitigt werden. Er fordert freundlich und konsequent alle vereinbarten Ergebnisse ein und besteht auf die Einhaltung der Versprechen, die das Team gegeben hat.

Das **Team** besteht aus allen Auftragnehmenden. Bei Organisationsprojekten ist es zu empfehlen, dass exakt eine Person die Verantwortung für eine Aufgabe übernimmt und ggf. weitere Personen hinzuzieht. Der Auftragsnehmende vereinbart mit dem Auftrag-

gebenden stichwortartig die Detailaufgaben. Ein agiler Glaubenssatz ist dabei, dass der
Auftragnehmende die Aufgabe aus intrinsischer Motivation gezogen hat und dass die Aufgabenbeschreibung vereinbart und nicht angewiesen wird. Jede Aufgabenbeschreibung
sollte nicht nur die Detailaufgaben umfassen, sondern auch das Ziel der Aufgabe im
Gesamtkontext des Unternehmens.

Im **Planning** ziehen die Teammitglieder ihre neuen Aufgaben aus dem Backlog in den
Sprint Backlog und werden dadurch zum selbstdefinierten Auftragnehmenden. Dies geschieht ohne Anweisung des Product Owner, welcher als Auftraggebender fungiert. Jeder
Auftragnehmende, der sich eine Aufgabe zieht, tut dies aus intrinsischer Motivation, weil
er die Verantwortung für die Aufgabe übernehmen will. Er gibt damit das Versprechen ab,
die in der Aufgabe definierten Inhalte bis zum Ende des kommenden Sprints, welcher bei
Organisationsaufgaben zwischen 1–3 Monate dauern sollte, dem Product Owner zu übergeben. Product Owner und Auftragnehmende vereinbaren auf Augenhöhe im Rahmen des
Planning die genauen Inhalte der Aufgabe. Der Auftragnehmende übernimmt die Verantwortung, die neu gezogene Aufgabe und seine anderen Aufgaben zu priorisieren. Nur
bei einem nicht auflösbaren Zielkonflikt wird der Vorgesetzte um Unterstützung und Priorisierung gebeten.

Das agile Ritual **Retrospektive** findet am Ende eines jeden Sprints statt und dient der
Verbesserung der Zusammenarbeit der Teammitglieder. Bei einer unternehmensweiten
agilen Organisationsentwicklung empfehle ich, den Strategischen Steuerungskreis als das
agile Team zu definieren. Mir gefallen folgende Fragen in der Retrospektive gut:

- Was waren im letzten Sprint meine persönlichen „Happy Moments"?
- Was sollten wir in diesem Team zukünftig mehr machen bzw. neu machen?
- Was sollten wir in diesem Team zukünftig weniger oder gar nicht mehr machen?
- Was waren die wichtigsten Erkenntnisse im letzten Sprint?

Der agile Coach sammelt und strukturiert die Aussagen und Vorschläge. Dabei ist es
wichtig, dass jedem Teammitglied wertschätzend Aufmerksamkeit geschenkt wird, wenn
er seine Karten erläutert, um die verschiedenen Perspektiven ernsthaft kennenzulernen
und zu verstehen. Zusätzlich identifiziert der agile Coach aus den Aussagen der Retrospektive die Vorschläge, die in den Backlog gestellt werden sollten und ggf. schon für den
nächsten Sprint gezogen werden. Mit der Retrospektive lässt sich die agile Zusammenarbeit im Strategischen Steuerungskreis signifikant und kontinuierlich verbessern. Damit
ist die Retrospektive ein außerordentlich wichtiges Ritual.

Nach dem abgeschlossenen Sprint dient das **Review** der Präsentation der Arbeitsergebnisse durch die Auftragnehmenden und die Abnahme dieser durch den Auftraggebenden
bzw. Product Owner. An dem Review nimmt der Strategische Steuerungskreis teil. Weitere
Interessierte sind willkommen. Im Idealfall werden im Review nach Sprintende alle im letzten Planning gezogenen Aufgaben als erledigt abgenommen. Konnte die Aufgabe nicht erledigt werden oder wurde sie vom Auftraggebenden nicht abgenommen, wird sie zurück in
den Backlog gezogen und steht damit für das folgende Planning wieder zur Auswahl. Ggf.
wird sie zuvor in Absprache zwischen Auftraggebendem und Auftragnehmendem modifiziert.

Im **Stand-up** wird regelmäßig der Status der für den laufenden Sprint gezogenen Aufgaben transparent gemacht. Die jeweiligen Auftragnehmenden beantworten kurz die folgenden 3 Fragen:

- Was habe ich seit dem letzten Stand-up bzw. Planning bzgl. meiner Aufgabe getan?
- Was werde ich bis zum nächsten Stand-up bzw. Review bzgl. meiner Aufgabe tun?
- Welche Hindernisse stehen der weiteren Aufgabenbearbeitung im Wege?

Die Moderation des Stand-up übernimmt der agile Coach. Ein Stand-up-Meeting sollte nicht länger als 30 Minuten dauern. Bei einer Sprintlänge von 3 Monaten empfehle ich ein zweiwöchentliches Stand-up, bei einer Sprintlänge von einem Monat ein wöchentliches Stand-up.

Mit dem **Fokus-Prinzip** wird die Anzahl der gleichzeitig zu bearbeitenden Aufgabenpakete beschränkt, um somit eine hohe Aufmerksamkeit auf diese zu richten. Das bedeutet oft jedoch, dass wichtige Dinge für den aktuellen Sprint im Backlog geparkt werden und zu einem späteren geeigneten Zeitpunkt in den Fokus genommen werden. Die Fokussierung erhöht die Chancen einer konzentrierten Abarbeitung von Aufgaben, ermöglicht damit Erfolgserlebnisse, erzeugt aber auch Entscheidungsschmerz bei den wichtigen Themen, die aktuell noch geparkt bleiben.

Das **Pull-Prinzip** bedeutet, dass sich die Teammitglieder bzw. Workshop-Teilnehmenden ohne Anweisung der Mächtigen bzw. der Product Owner für die Übernahme der Verantwortung einer der Maßnahmen im Backlog entscheiden. Sie tun es aus intrinsischer Motivation. Es ist ihnen wichtig, dass die Aufgabe erledigt wird und dafür möchten sie die Verantwortung übernehmen. Sie übernehmen damit auch die Verantwortung dafür, dass sie ihre Prioritäten so definieren, dass sie im nächsten Sprint die „gepullte" Aufgaben erfüllen können. Ein „Pull" ist ein selbst initiiertes Versprechen gegenüber dem Product Owner und dem Team (siehe Abb. 3.2).

3.5.1   Kanban Board zur Unternehmenssteuerung

Für die Dokumentation der Aufgaben und des Aufgabenfortschritts der Unternehmensentwicklung empfehle ich ein Kanban Board mit mindestens folgenden Spalten (siehe Abb. 3.3).

Bei der erstmaligen Etablierung des Kanban Boards zur Unternehmenssteuerung empfiehlt sich eine physische, haptische Variante, sofern die Projektinitiierung in einem physischen Meeting stattfindet. Damit werden die Aufgaben „anfassbar" und stärken die emotionale Beziehung zwischen Auftragnehmendem und Aufgabe. Nach der Initiierung empfehle ich, auf ein elektronisches Kanban Board umzuschalten. In einer sehr einfachen, aber praktikablen Variante eignet sich der Microsoft Planner zur Verfolgung der Aufgaben zur Unternehmenssteuerung. Der Vorteil eines elektronischen Kanban Boards ist die Möglichkeit des verteilten Arbeitens. Damit ist die Teilnahme an Stand-ups, Reviews und Plannings barrierearm und zeiteffizient möglich.

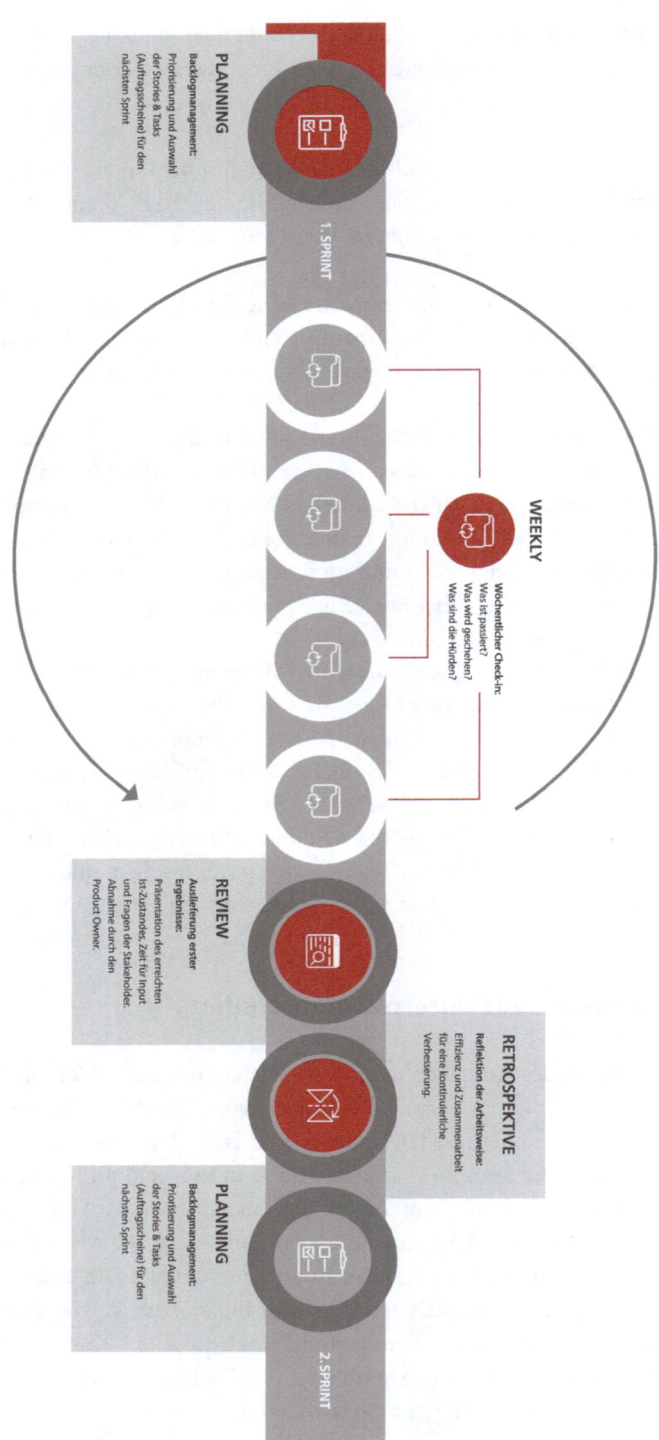

Abb. 3.2 Agiles Vorgehensmodell

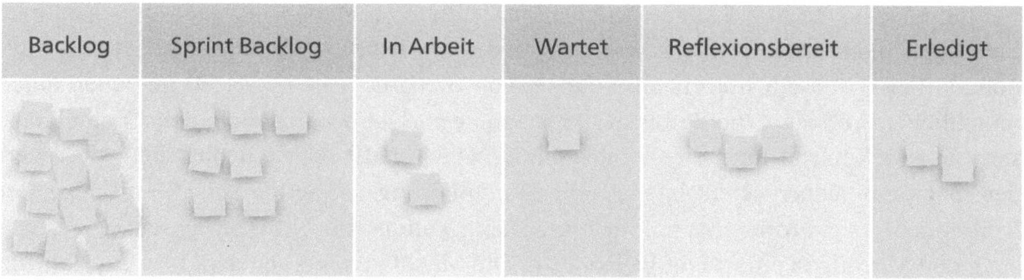

Backlog	Sprint Backlog	In Arbeit	Wartet	Reflexionsbereit	Erledigt

Abb. 3.3 Kanban Board

Aus der Erfahrung heraus, dass es ungezählte Spielarten der konkreten agilen Selbst-organisation gibt, haben wir die genaue Bedeutung der Kanban-Spalten, die Regeln zum Bewegen der Aufgabenkarten von Spalte zu Spalte sowie die Informationen auf der Auf-gabenkarte schriftlich definiert und allen Beteiligten transparent gemacht. So entstand schnell Effizienz, Eindeutigkeit und Routine.

Die oben beschriebenen 4 agilen Rituale Planning, Stand-up, Retrospektive und Review funktionieren bis zu einer Gruppengröße von 20 Personen unproblematisch und effizient. Im Umfeld der gesamten Unternehmensentwicklung werden die Rituale im Wesentlichen von dem Strategischen Steuerungskreis SSK wahrgenommen, welcher aus den Füh-rungskräften der Wertschöpfungsbereiche und den Führungskräften Interner Services sowie ggf. weiteren Multiplikatoren besteht.

3.5.2   Viel zu tun in der agilen Welt? Weniger ist mehr.

Eine weitere quantitative Beschränkung ist die Anzahl der gleichzeitig aktiven Aufgaben auf einem Kanban Board in einem Sprint. Ein wichtiges agiles Prinzip ist „Fokus", was insbesondere bedeutet, dass die Anzahl gleichzeitig aktiver Aufgaben limitiert sein muss. Bei unternehmensweiten Organisationsaufgaben ist es jedoch oft nicht praktikabel, dass eine Person in einem Sprint nur an einer Aufgabe arbeitet. Dazu ist die Unternehmenswelt zu vielfältig. Es ist also eine wichtige Aufgabe des agilen Coaches, die Definition von Auf-gaben auf dem Kanban Board und das Ziehen der Aufgaben durch die Auftragnehmenden so zu steuern, dass nur die wichtigsten Aufgaben von übergeordnetem Interesse auftauchen.

Insgesamt führen die Rituale der agilen Unternehmensentwicklung zu viel Transparenz und Augenhöhe. Der von vielen hierarchisch geprägten Führungskräften befürchtete Kontrollverlust in einem selbstorganisierten Unternehmen tritt auf diese Weise nicht ein, denn es ist ja alles transparent und spätestens beim nächsten Sprintende ist der Auftrag-nehmende Rechenschaft schuldig. In solch einem System sind Anweisungen nicht mehr notwendig. Sie wären eher Motivationskiller. Vorausgesetzt der Mächtige glaubt, dass die Menschen mit einem Mindestmaß an intrinsischer Motivation an ihr Tagewerk gehen. Dies wird der Fall sein, wenn der Sinn des Unternehmens und der Aufgaben klar erkenn-bar und attraktiv ist.

Agile Methoden bzw. Rituale bedeuten unstrittig eine Menge Aufwand. Wöchentliche Stand-ups, monatliche Reviews/Retros/Plannings sowie deren Vor- und Nachbereitung benötigen bei noventum mit einem strategischen Steuerungsteam von 20 Personen einen monatlichen Aufwand von 25 bis 30 Personentagen. Dieser lohnt sich dann, wenn einerseits andere Kontroll- und Steuerungsgremien abgeschafft oder erheblich reduziert werden und wenn sichergestellt ist, dass die Durchführung der agilen Rituale mit äußerster Konsequenz und Professionalität erfolgt. Dabei kommt sowohl dem agilen Coach wie auch den Mächtigen eine wichtige Rolle zu. Die Mächtigen müssen dem Instrumentarium der agilen Unternehmensentwicklung vertrauen und der agile Coach muss sein Handwerk als kommunikativer, empathischer Methodenpapst verstehen.

Neben der hier beschriebenen agilen Unternehmensentwicklung durch einen Strategischen Steuerungskreis SSK sind in einem Unternehmen meist weitere agile Umgebungen bzw. Kanban Boards erforderlich. In jedem Wertschöpfungsbereich und jedem Internen Service müssen die Verantwortlichen prüfen, ob sie mit ähnlicher Arbeitsweise die Führung und Steuerung ihres Verantwortungsbereichs vornehmen können. Das wird oft der Fall sein. Eine enge Verzahnung der dezentralen agilen Steuerungen mit der agilen Unternehmensführung halte ich nicht für zwingend erforderlich. In stark standardisierten Umgebungen lassen sich dadurch möglicherweise besondere Synergieeffekte erzielen, in vielseitigen Umgebungen kann die Verzahnung der Kanban Boards aber auch zu einer lähmenden Verkomplizierung der Organisation führen.

Praxistipps

#17: Definiert ein übersichtliches, klares Handbuch zu Euren agilen Methoden der Unternehmensentwicklung.

#18: Baut ein Kanban Board zur Unternehmensentwicklung auf.

#19: Definiert für die Unternehmensentwicklung die Rollen Product Owner (= Auftraggebender), agiler Coach und Auftragnehmender, besetzt die Rollen Product Owner und agiler Coach mit geeigneten Personen.

#20: Legt los mit Euren Plannings, Stand-ups, Reviews und Retrospektiven der Unternehmensentwicklung.

#21: Baut in weiteren Verantwortungsbereichen Kanban Boards nach ähnlichen Prinzipien auf. Im ersten Schritt ist eine enge Verzahnung der verschiedenen Kanban Boards nicht erforderlich, oft sogar hinderlich, weil recht kompliziert. ◄

3.6   Zutat 5: Aufbau eines wirkungsvollen Controllingsystems mit OKRs

Ursprung und Idee von „Objectives und Key Results" habe ich oben in Kap. 2 bereits kurz beschrieben (siehe: Doerr 2018). Die Organisation der Arbeit dreht sich bei diesem Steuerungssystem um Ziele (Objectives) und messbare Ergebnisse (Key Results). OKRs sind das Bindeglied zwischen Zielen, die von vielen Mitarbeitenden als attraktiv angesehen werden und die i. d. R. noch nicht konkret quantifiziert sein müssen und messbaren Leistungsindikatoren, die anzeigen, dass man auf einem guten Weg dorthin ist. Der Charme von OKRs entfaltet sich besonders, wenn die Objectives sehr attraktiv und die Anzahl von Objectives und Key Results für eine Analyseperiode sehr limitiert sind. So kommt es zum Fokus auf wichtige Hebel der Organisationsentwicklung. In agiler Arbeitsweise wird aus der Erreichung der Key Results transparent gelernt, um auf dieser Basis flexibel und kurz getaktet zu reagieren und die Organisation immer weiter zu verbessern. Mitarbeitende können im OKR-Modell ihren persönlichen Beitrag jederzeit transparent nachvollziehen. Es fällt ihnen leichter, sich mit dem Unternehmensziel zu identifizieren, sie erleben täglich ihren eigenen Beitrag zum Erfolg. Das schafft emotionale Verbundenheit.

OKRs werden üblicherweise für unterschiedliche Verantwortungsbereiche separat definiert und gesteuert. Dabei ist darauf zu achten, dass sie einen starken Bezug zu den unternehmensweiten OKRs aufweisen. Es sollte also die OKR-Betrachtungsdimensionen Gesamtunternehmen, Wertschöpfungsbereiche und Interne Services geben. Ob für jeden Bereich ein OKR-Management erforderlich ist, hängt von der Dynamik und Erfolgsrelevanz ab. Ich halte viel davon, die Entscheidung für den Einsatz von OKRs in den dezentralen Bereichen den dort Verantwortlichen zu überlassen. Für das Gesamtunternehmen halte ich OKRs jedoch für außerordentlich relevant und plädiere dafür, sie dort auf jeden Fall zu nutzen (siehe Abb. 3.4).

Während Objectives attraktiv und emotional sind, werden Key Results höchst sachlich definiert. Auf Unternehmensebene sind die attraktiven, emotionalen Objectives gut in der Unternehmensvision zu finden, sofern diese schon einen entsprechenden Reifegrad hat, siehe hierzu weiter unten in der Zutat Leitbild/Strategischer Kompass. In die Unternehmensvision gehören Aussagen zu den Dimensionen Kundennutzen, Mitarbeitendenverbundenheit, Wirtschaftlichkeit, Ökologie/Nachhaltigkeit und Marke. Für jede Dimension reicht ein kurzes, emotionalisierendes Statement, hinter dem sich möglichst viele Mitarbeitende versammeln können und die dieses möglichst auch mitgestaltet haben. Für die Verfügbarkeit der Vision Statements ist bei noventum der Verantwortliche des Internen Services „Unternehmensentwicklung" verantwortlich. Er muss sich moderierend darum kümmern, dass attraktive, emotionale und breit akzeptierte Vision Statements vorhanden und bekannt sind. Die Anzahl der Objectives auf Unternehmensebene sollte fünf nicht überschreiten. So bleibt der Fokus gewahrt.

Beispielsweise könnten auf Unternehmensebene die Vision Statements bzw. Objectives lauten:

- Wir sind und bleiben ein hochattraktiver Arbeitgeber, wo Freude an der Arbeit und hohe Leistung zusammenwirken.
- Unsere Kunden sind von uns begeistert und empfehlen uns.
- Wir erzielen anständige Gewinne, die das Ergebnis nutzenstiftender Leistung sind.
- Unsere Marke hat eine große Strahlkraft und eine weit verbreitete positive Bekanntheit.

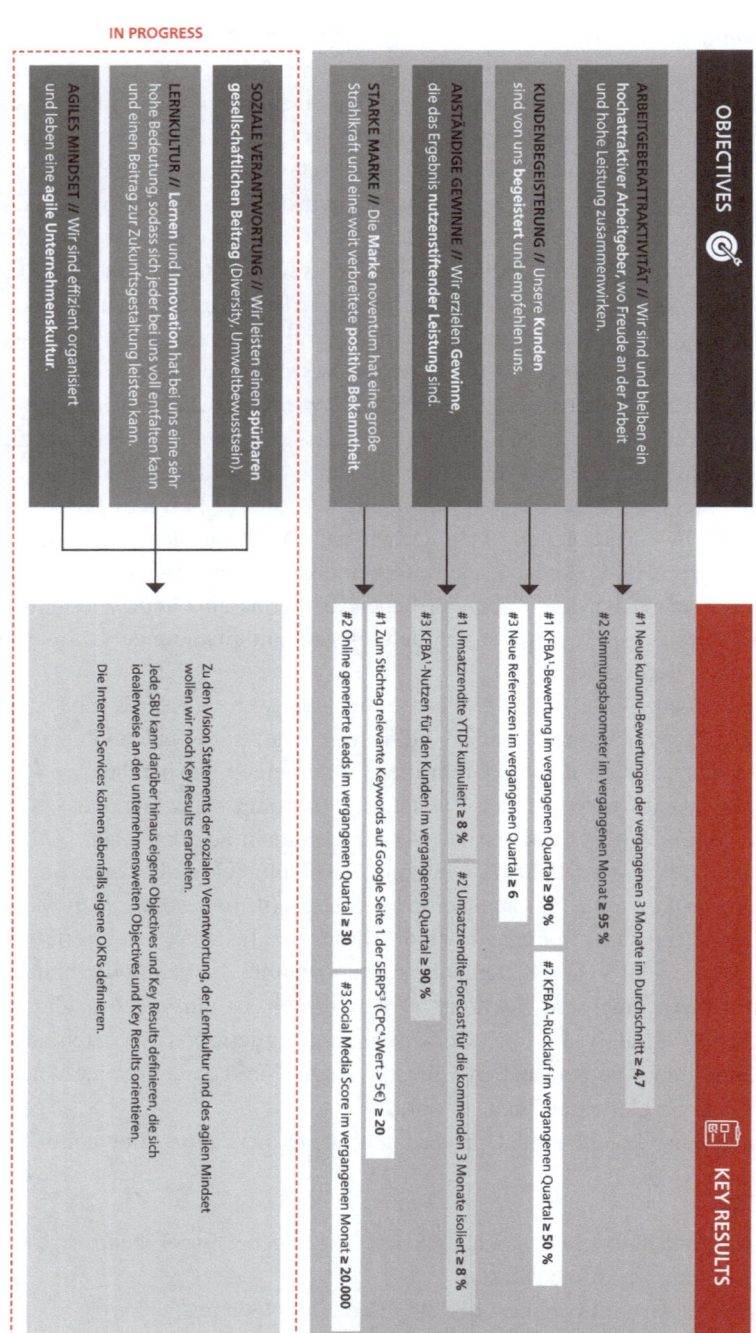

Abb. 3.4 noventum-OKRs als Beispiel

Wer mag diesen Ansprüchen schon widersprechen? Und doch sind sie wichtig, um Identifikation und Verbundenheit zu schaffen. Wenn Eure Vision Statements noch spezifischer formuliert werden können, ist das fein. Vielleicht könnt Ihr Eure Produkteigenschaften noch stärker in den Fokus nehmen. Wichtig ist in jedem Fall, dass viele Stakeholder – insbesondere die Mitarbeitenden – sich das Erreichen der Objectives voller Inbrunst wünschen, noch bevor die Thesen konkretisiert sind.

Jetzt kommt der entscheidende Schritt. Zu den Objectives sind geeignete Key Results zu finden. Auch hier gilt wieder: Weniger ist mehr. Zu jedem Objective reichen 1–5 messbare Key Results völlig aus. Angelehnt an die Objectives oben könnten die Key Results beispielsweise wie folgt definiert werden:

Key Results zu den Objectives
Objective: Wir sind und bleiben ein hochattraktiver Arbeitgeber, wo Freude an der Arbeit und hohe Leistung zusammenwirken.

- Key Result: Unsere kununu-Bewertung in den vergangenen 3 Monaten liegt im Durchschnitt bei mindestens 4,7.
- Key Result: Im monatlichen Stimmungsbild bescheinigen uns unsere Mitarbeitenden anonym eine Zustimmung von mindestens 95 % bzgl. der Arbeitgeberattraktivität.

Objective: Unsere Kunden sind von uns begeistert und empfehlen uns.

- Key Result: In der Kundenbefragung nach Projektabschluss erhalten wir von mindestens 90 % der Kunden eine Zustimmung zur Abschlussfrage.
- Key Result: Die Rücklaufquote der angebotenen Kundenbefragung liegt bei mindestens 50 %.
- Key Result: Wir erhalten pro Quartal mindestens 6 neue Kundenreferenzen.

Objective: Wir erzielen anständige Gewinne, die das Ergebnis nutzenstiftender Leistung sind.

- Key Result: Unsere Umsatzrendite vor Steuern beträgt kumuliert bis zum zuletzt abgeschlossenen Monat mindestens 8 %.
- Key Result: Unsere Umsatzrendite im Forecast für die kommenden 3 Monate beträgt isoliert mindestens 8 %.
- Key Result: In der Kundenbefragung nach Projektabschluss bescheinigen uns mindestens 90 % der Kunden einen hohen Nutzenbeitrag.

Objective: Unsere Marke hat eine große Strahlkraft und eine weit verbreitete positive Bekanntheit.

- Key Result: Mindestens 20 unserer relevanten Begriffe mit einem Cost-per-Click-Wert von mehr als 5,00 Euro sind in der organischen Suche auf Google Seite 1 zu finden.
- Key Result: Wir erhalten pro Quartal mindestens 30 initiative Kundenanfragen.
- Key Result: Unser Social-Media-Score zur Messung unserer Reichweite auf den verschiedenen Plattformen beträgt jeden Monat zum Stichtag mindestens 20.000.
- Key Result: Pro Quartal verzeichnen wir mindestens 60 Downloads von Informationsmaterial von unseren Websites durch Kunden und Interessenten.

Mit diesen 12 Kennzahlen kann ein Fokus auf wichtige Entwicklungen gelegt werden. Sie werden vom Verantwortlichen für Unternehmenssteuerung, von allen Führungskräften und allen weiteren SSK-Mitgliedern regelmäßig gezielt an die Mitarbeitenden verbreitet. Dabei ist es wichtig, immer wieder den Bezug der erreichten Werte der Kennzahlen zu den Objectives zu verdeutlichen.

Neben Transparenz und Fokus ist die Dynamik bei OKRs von großer Bedeutung. Die Messung der Kennzahlen erfolgt üblicherweise wöchentlich oder monatlich. Die Diskussion und Bewertung des Erreichten im Vergleich zu den angestrebten Werten und das Lernen daraus erfolgt monatlich oder quartalsweise. Ich empfehle für den Analyse- und Lernprozess auf Unternehmensebene das Gremium des Strategischen Steuerungskreises SSK. Vom zeitlichen Rhythmus kann das oben beschriebene agile Review sehr gut mit der OKR-Analyse und der OKR-Adaption für den nächsten Zyklus verbunden werden. Werden die angestrebten Werte im abgelaufenen Zyklus nicht erreicht, können spezielle Maßnahmen für den kommenden Zyklus initiiert werden, die möglicherweise auf dem Kanban Board der Unternehmensführung erscheinen und gezogen werden. Ein anderer Lerneffekt kann auch sein, dass die Werte angepasst werden müssen, da sie unrealistisch hoch oder zu einfach erreichbar waren. Schließlich ist es auch denkbar, dass die Struktur der Key Results sich nicht als geeignet erweist, das Objective zu unterstützen. In diesem Fall sind passendere Key Results zu definieren. Verantwortlich für den OKR-Prozess auf Unternehmensebene ist der Verantwortliche des Internen Services Unternehmenssteuerung. Das unterstützende Team ist der Strategische Steuerungskreis SSK. Wenn die Erkenntnisse dann auch mit allen Mitarbeitenden geteilt werden, entsteht eine umfassende Transparenz bzgl. der Unternehmensentwicklung.

Konsequent zu Ende gedacht, weisen OKRs auf Unternehmensebene und solche auf Ebene der unteren Unternehmenseinheiten einen inneren Bezug zueinander auf. Die Verantwortlichen der noventum-Beratungseinheiten können selbst entscheiden, ob sie diese Steuerungsmethode nutzen. Tun sie das aber, müssen sie die OKRs und Key Results der oberen Unternehmensebene kennen und sollten sich mit ihren abteilungsspezifischen

Planungen nicht im Widerstreit mit diesen befinden. So haben wir mit den OKR-Planungen das gleiche Prinzip eingeführt wie bei der Formulierung von Visionen, seien es Unternehmensvisionen oder solche der Verantwortungsbereiche. Unser Organisations-Föderalismus bietet sehr viel Freiheit im Detail und zugleich sind alle Verantwortlichen verpflichtet, durch Transparenz und Diskussion das Gemeinsame nicht aus den Augen zu verlieren.

Anbei ein Beispiel für Objectives und Key Results eines wertschöpfenden Geschäftsbereichs:

Beispiel für Objectives und Key Results
Objective: Wir machen das noventum-Geschäftsfeld als starke Marke sichtbar für Kunden und Interessenten.

- Key Result: mindestens 5 wertvolle (>5,00 Euro Cost per Click) SEO-Begriffe auf Google Seite 1
- Key Result: Anzahl der Neukundenanfragen > 12
- Key Result: Social-Media-Score > 3500 (Angezeigt, Like, Kommentar, Teilen)
- Key Result: Content-Downloads mit Angabe der Geschäftsmailadresse auf Website > 90

Objective: Wir nutzen unsere Vertriebspotenziale professionell und voll aus.

- Key Result: mindestens 9 Angebote pro Monat
- Key Result: mindestens 30 Vertriebsgespräche pro Monat
- Key Result: mindestens 30 neue qualifizierte Kontakte pro Monat
- Key Result: Anzahl direkt angesprochener Kontakte pro Monat > 300

Objective: Wir leisten als Geschäftsfeld einen guten wirtschaftlichen Beitrag für das Unternehmensergebnis.

- Key Result: Deckungsbeitrag von 300.000 Euro
- Key Result: Vermittlung Cross-Selling-Aufträge an andere Geschäftsfelder in Höhe von 100.000 Euro

Objective: Unsere Berater haben eine nachweisbar hervorragende Kompetenz, um unsere Mission zu erfüllen.

- Key Result: Alle angestrebten Zertifikate nach Qualiplan wurden erreicht.
- Key Result: Mindestens ein MA aus dem Team absolviert pro Quartal eine "neue" zertifizierte Weiterbildung passend zur Mission des Geschäftsbereichs.

In ähnlicher Weise können auch Interne Services/Prozesse per OKRs gesteuert werden. Beispielhaft ist hier der Interne Service „Interne Kommunikation" dargestellt.

OKRs für Interne Kommunikation

Objective: Wir leisten einen signifikanten Beitrag zu einer vertrauensbasierten und kooperativen Unternehmenskultur.

- Key Result: anonyme Stimmungsbildbefragung: „Alles in allem ein sehr guter Arbeitgeber" >95 % Zustimmung
- Key Result: Teilnehmendenquote bei Erhebung Stimmungsbild >75 %
- Key Result: 100 % Zustimmung zu der Aussage: „Ich empfinde die Unternehmenskultur als sehr vertrauensbasiert und kooperativ."

Objective: Wir schaffen einen hohen Grad an Transparenz unter den Mitarbeitenden.

- Key Result: mindestens 3 Intraneteinträge pro Woche
- Key Result: 2 digitale Mitarbeitendenversammlungen pro Monat
- Key Result: 2 physische Mitarbeitendenversammlungen pro Jahr
- Key Result: 100 % Zustimmung im persönlichen Mitarbeitendengespräch zur These „Die Unternehmensinformationen sind transparent und leicht zugänglich."

Objective: Wir fördern geschäftsbereichsübergreifende Zusammenarbeit und unternehmensweiten Wissensaustausch.

- Key Result: 2 unternehmensweite Wissensaustauschtage
- Key Result: 2 offene strategische Kaminabende für alle Mitarbeitenden
- Key Result: monatlich 1 internes Webinar eines Wertschöpfungsbereichs oder eines Internen Services

Objective: Wir sorgen für Bekanntheit der strategischen Organisationsziele.

- Key Result: Teilnahmequote am strategischen Kaminabend bei >30 % der Belegschaft
- Key Result: Zustimmungsquote mindestens 80 % auf Umfrage auf dem Strategischen Kaminabend: Bekanntheit der Unternehmensziele und wie sie erreicht werden

Jede einzelne Kennzahl wird einem Verantwortlichen zugeordnet, der die Daten wöchentlich oder monatlich erhebt und erfasst. In einer Startversion kann dies in einer intelligenten Excel-Tabelle, an der alle OKR-Beauftragten gemeinsam arbeiten dürfen, erfolgen. Dabei ist ein Tabellenblatt pro Betrachtungszeitraum und Verantwortungsbereich anzulegen. Neben den oben definierten Inhalten sind in dieser Tabelle noch weitere Spezifikationen anzugeben, z. B. der Schwierigkeitsgrad der Zielerreichung und die Gewichtung der Key Results eines Objectives. Mit weiterem Fortschritt der OKR-Nutzung und bei steigender Größe, Vielfalt und Komplexität der Umgebung ist ein OKR-spezifisches Werkzeug wie z. B. Workpath zu empfehlen.

Um es deutlich zu sagen: Die OKRs bilden nicht alle wichtigen Prozesse und Erfolgskennzahlen des Unternehmens ab. In vielen Bereichen braucht man zur Wahrung oder Entwicklung der operativen Exzellenz weitere Messpunkte. Mit OKRs fokussiert man sich jedoch eine Zeit lang auf die missionskritischen Aspekte mit viel Dynamik.

Praxistipps

#22: Definiert auf Unternehmensebene 3–5 Objectives, die sich an der Unternehmensvision orientieren.

#23: Setzt Euren Strategischen Steuerungskreis SSK ein, um aus den Key Results auf Unternehmensebene zu lernen.

#24: Synchronisiert die Analyse der OKRs mit den agilen Ritualen und prüft pro Wertschöpfungsbereich und Internem Service, ob auch dort OKRs angewandt werden können, verordnet sie aber nicht. ◄

3.7 Zutat 6: Das Leitbild als Kompass und strategischer Orientierungsrahmen für alle

Unternehmen mit einem hohen Grad an Selbstorganisationskräften besitzen 3 Hauptattraktoren, und zwar Sinnorientierung, Autonomie und Leistungsorientierung. Das habe ich bereits in der Einleitung verdeutlicht. Diese 3 Hauptattraktoren müssen spürbar und erlebbar sein und sie brauchen eine fest vereinbarte und verlässliche Organisationsarchitektur. Dazu ist es notwendig, dass auf verschiedenen „Flughöhen" verbindliche Prinzipien und Spielregeln formuliert sind, auf die sich die Gemeinschaft verständigt hat und auf die immer wieder Bezug genommen werden kann. Auf oberster Flughöhe bezeichne ich diese Prinzipien und Spielregeln als Leitbild. Leitbild ist zwar ein etwas antiquierter Begriff, beinhaltet jedoch vieles von dem, auf das es ankommt, wenn es um die Formulierung von Prinzipien und Spielregeln für das Funktionieren eines Unternehmens geht.

Wikipedia [siehe: *https://de.wikipedia.org/wiki/Unternehmensleitbild*] beschreibt den Begriff Leitbild wie folgt: „Ein Leitbild ist eine schriftliche Erklärung einer Organisation über ihr Selbstverständnis und ihre Grundprinzipien, also eine Selbstbeschreibung. Es formuliert einen Zielzustand (realistisches Idealbild). Nach innen soll ein Leitbild Orientierung geben und somit handlungsleitend und **motivierend** für die Organisation als Ganzes sowie auf die einzelnen Mitglieder wirken. Nach außen (Öffentlichkeit, Kunden) soll es deutlich machen, wofür eine Organisation steht. Es ist eine Basis für die **Corporate Identity** einer Organisation. Ein Leitbild beschreibt die Mission und Vision einer Organisation sowie die angestrebte **Organisationskultur**. Es ist Teil des **normativen Managements** und bildet den Rahmen für Strategien, Ziele und operatives Handeln." Diese Definition passt für mich immer noch gut in die aktuelle Unternehmenswelt, die geprägt ist von Selbstorganisation. Daher werde ich in der Folge den Begriff Leitbild benutzen.

Das Leitbild soll also Orientierung bieten bzgl. Mission, Vision und Organisationskultur. Das passt, ist aber vielleicht etwas zu einfach. Reicht es, wenn ein vielfältiges Unternehmen exakt eine Mission, eine Vision und eine Organisationskultur hat? Hat ein Unternehmen genau einen Auftrag, eine Daseinsberechtigung = Mission? Hat es genau eine Vision, also ein eindeutiges klares Zukunftsbild? Passt das in eine komplexe Umwelt?

Bei der Suche nach einem wirkungsvollen Leitbild war mir der „Dreiklang" des Autoren Simon Sinek sehr hilfreich (siehe: Sinek, Simon, Frag immer erst warum. Wie Führungskräfte zum Erfolg inspirieren, Redline Verlag 2014), der als Orientierungspunkte der Unternehmensentwicklung das „Why", das „How" und das „What" definiert hat. Seine These ist, dass für die Motivation der Mitarbeitenden zuerst das „Why", also der Sinn bzw. neudeutsch der „Purpose" klar und attraktiv sein muss, in zweiter Priorität das „How", also die Arbeitsweise und Kultur und erst dann das „What", der Inhalt der Leistungserbringung. Dabei sind diese Fragen auf mindestens 2 Ebenen zu beantworten, und zwar auf Unternehmensebene und auf Ebene der Verantwortungsbereiche (siehe Abb. 3.5).

Ein Leitbild kann man somit gut nach dem Sinek'schen Dreiklang strukturieren. Im „Why" beschreibt man die Missionen und die Vision bzw. Visionen des Unternehmens. Ja, eine Mission und eine Vision reichen in der Regel nicht, denn oft braucht jeder Wertschöpfungsbereich eine eigene Daseinsberechtigung und ein eigenes Zukunftsbild. Das ist auch ein Prinzip von Selbstorganisation.

Bei dem „How" glaube ich jedoch, dass dies unternehmensweit gelten sollte. Hierbei handelt es sich um die Werte und das Organisationsmodell des Gesamtunternehmens (siehe Abb. 3.6). Werte sind so ungemein wichtig und dabei sind die benutzten Vokabeln weitgehend austauschbar. Wer bekennt sich schließlich nicht zu Vertrauen, Verantwortung, Fairness etc.? Aber was sind nun authentische Wertebegriffe? Ich empfehle dazu, sich an einer bewährten Begriffsstruktur zu orientieren, z. B. an der des Great Place to Work® Instituts. Das Institut definiert eine ausgezeichnete Unternehmenskultur durch eine hohe Zustimmung zu erlebter Glaubwürdigkeit, Respekt, Fairness, Identifikation und Teamgeist. Dies wird durch anonyme Befragungen zu 63 Thesen in den 5 Bereichen überprüft. Details dazu findet Ihr in meinem Buch „Glücklich Führen" (Rotermund 2013). Bei der Analyse der Resonanz auf die 63 Thesen der erlebten Unternehmenskultur wird ein Lern-

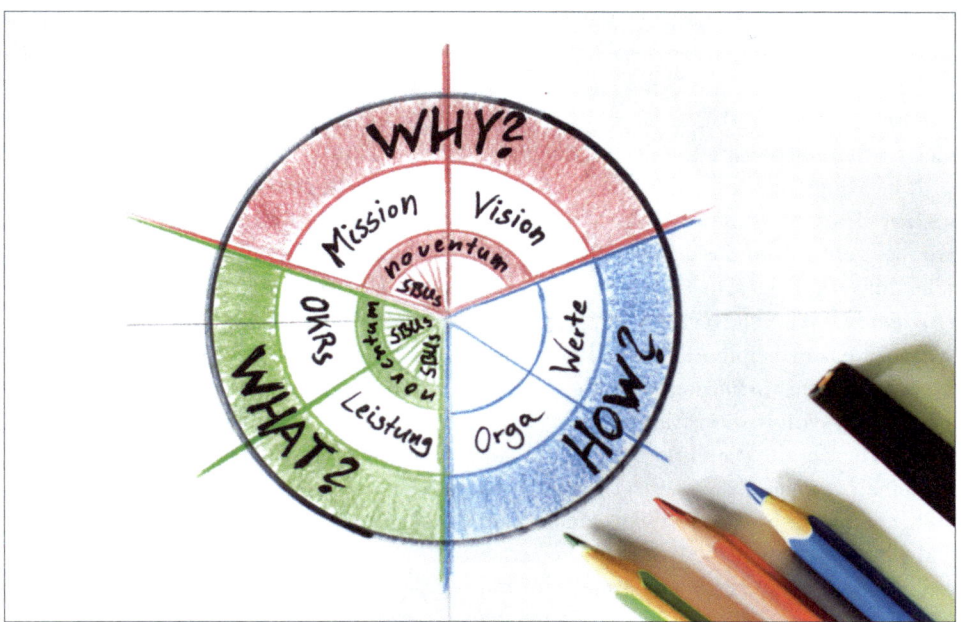

Abb. 3.5 Why? How? What?

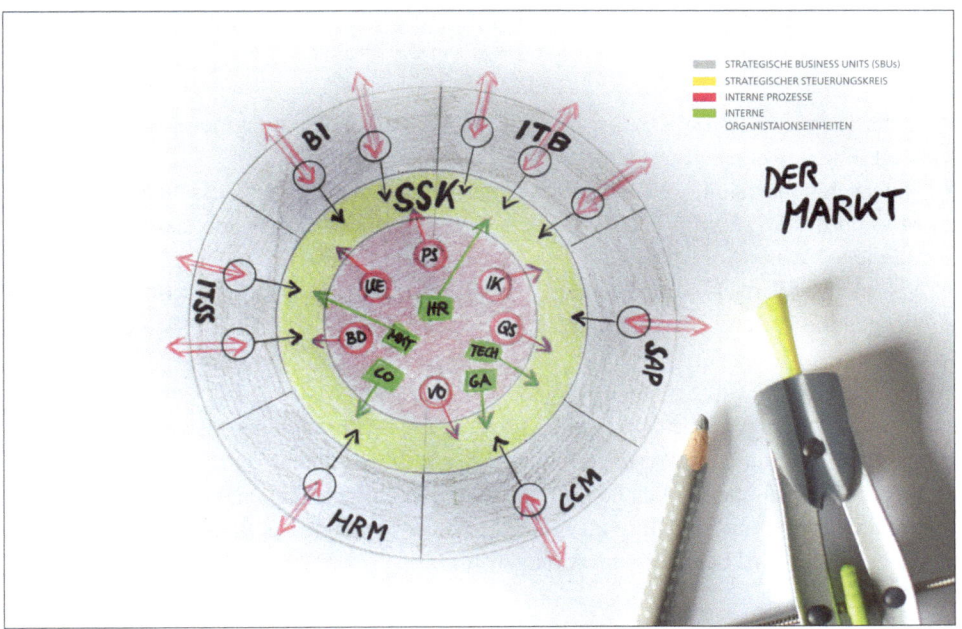

Abb. 3.6 Organisationsmodell

und Entwicklungsprozess angestoßen. Zu den Thesen, die auf wenig Zustimmung stoßen, werden Optimierungswege gesucht. Bei den Thesen mit hoher Zustimmung werden Beispiele gesammelt, die im Unternehmen verbreitet werden. Wenn dies über viele Jahre mit ernst gemeintem Verbesserungswillen erfolgt, entsteht eine authentische und klar definierte Unternehmenskultur. Das ist der erste Teil des „How".

Der zweite Teil des „How" ist das Organisationsmodell, gewissermaßen das Betriebssystem des Unternehmens. Dazu habe ich oben schon ausführlich Stellung bezogen. Hierbei geht es um das Schneiden von Verantwortungsbereichen, um Prozesse der Entscheidungsfindung, um die Grundsätze der agilen Unternehmensführung und um ein effizientes Steuerungssystem im Sinne von Objectives und Key Results. Die entsprechenden Prinzipien und Spielregeln müssen im Kreis der Schlüsselspielenden und Multiplikatoren ausführlich diskutiert und im Konsentverfahren vereinbart werden, damit sie wirkungsvoll in die gesamte Organisation getragen werden. Wichtig ist, dass am Ende einige Thesen, die die Grundlage des tagtäglichen Handelns beschreiben, quasi in Stein gemeißelt werden. Darauf muss immer wieder Bezug genommen werden.

Kommen wir nun zum „What", der Definition der eigentlichen Leistungen, der Produkte und Dienstleistungen, die Kundennutzen erzeugen. Auch diese gehören für mich in das Leitbild, denn das Erzeugen von Kundennutzen ist die wichtigste Daseinsberechtigung von Unternehmen. Im „What" müssen die Inhalte der Leistungserbringung und dem daraus resultierenden Kundennutzen klar verdeutlicht werden. In Unternehmen mit vielfältigen Geschäftsbereichen muss jeder Geschäftsbereich eine klare „What"-Definition haben.

Somit strukturiert sich das Leitbild wie folgt:

WHY
- Unternehmensmission – Wozu braucht die Welt Euer Unternehmen? Was würde der Welt fehlen, wenn es Euer Unternehmen nicht geben würde?
- Unternehmensvision – Wie soll Euer Unternehmen übermorgen aussehen?
- Mission der Wertschöpfungsbereiche – Wozu braucht die Welt die Leistungen dieser Bereiche? Was würde der Welt fehlen, wenn es die Leistungen nicht gäbe?
- Vision der Wertschöpfungsbereiche – Mit welchen Innovationen wollen wir übermorgen die Welt revolutionieren?

HOW
- Wertesystem – Welche Werte sind im gesamten Unternehmen erlebbar? Wie wird sichergestellt, dass die Werte permanent überprüft und gelebt werden?
- Organisationsmodell – Welche Prinzipien und Spielregeln sorgen dafür, dass Vertrauen, Verantwortung und Leistung zu Freude an der Arbeit und zu wirtschaftlichem Erfolg führen? Wie wird Selbstorganisation gefördert?

WHAT
- Stärken des Gesamtunternehmens – Welche objektiven Merkmale, die Kundennutzen erzeugen, hat das Gesamtunternehmen? Welches sind die Wettbewerbsvorteile?

• Nutzenpotenziale jedes einzelnen Wertschöpfungsbereichs – Mit welchen Leistungs-
  merkmalen erzeugen diese Bereiche Kundennutzen? Welches sind die Wettbewerbsvorteile der einzelnen Bereiche?

Wenn diese Punkte für alle Mitarbeitenden transparent verdeutlicht werden, bringt das
sehr viel Orientierung und Motivation. Das Leitbild schafft damit eine entscheidende
Grundlage für selbstorganisiertes Arbeiten.

Ein wirkungsvolles Leitbild entsteht, wenn es partizipativ unter Einbeziehung aller
Mitarbeitenden, die Lust auf die Gestaltung und Definition dieses Kompasses haben, ent-
steht. Ein klar definiertes, „in Stein gemeißeltes" Leitbild liefert zwar als „Verfassung oder
Grundgesetz" eine stabile Referenz für alle Handlungen, doch das ist noch zu wenig. Ein
Leitbild entwickelt seine Kraft, wenn es auf vielfältige Weise erlebbar wird. Ich nenne dies
gerne die „Animation des Leitbilds". Die Wirkung des Leitbilds auf die Mitarbeitenden zu
thematisieren, z. B. durch Filmchen, Statements, Social Media Postings u. v. m., ist eine
Möglichkeit.

Das Leitbild bietet in einer Welt der Ungewissheit die notwendige Orientierung. Wenn
wir schon „auf Sicht" fahren müssen, brauchen wir einen verlässlichen Kompass, der uns
die Richtung anzeigt.

Praxistipps

#25: Definiert ein Leitbild in 2 Ebenen (Unternehmen und Geschäftsbereich) in der
     Struktur des „Why", „How" und „What".
#26: Diskutiert das Leitbild in verschiedenen Verantwortungsbereichen und baut hilf-
     reiche Änderungen ein.
#27: Meißelt nach ausführlicher Diskussion Euer Leitbild in Stein und macht es zum
     Orientierungspunkt aller identifikationsstiftenden Maßnahmen.
#28: Findet viele konkrete Nachweise, die Euer Leitbild stärken und verbreitet sie au-
     thentisch. ◄

3.8   Zutat 7: Transparenz und Feedback auf allen Ebenen

Selbstorganisation verlangt ein hohes Maß an Transparenz, denn nur so können alle Mit-
wirkenden ihre Leistungen zielgerichtet zum Wohle des Unternehmens einsetzen. Sie
müssen den Kontext kennen, die Wirkung ihres Handelns einschätzen können und wissen,
wo sie andere involvieren sollten. Das ist ganz im Sinne von GoGreat, siehe Kap. 2 mit
Bezug auf die Autoren Jack Stack und Kerstin Friedrich, und entspricht auch meiner Erfahrung. Allen Mitarbeitenden die Zusammenhänge im Unternehmen zu erläutern und
damit auch die Bedeutung jedes Einzelnen zu verdeutlichen, stärkt das Gefühl der Selbstwirksamkeit, die Identifikation und die intrinsische Motivation.

3.8.1   Zahlen, Daten, Fakten

Wenn Euer Unternehmen bereits OKRs eingeführt hat, sind diese die ideale Grundlage für die Kommunikation der wichtigsten Unternehmenskennzahlen. Gleichzeitig haben sie einen intensiven Bezug zur Unternehmenskommunikation. Kommuniziert mindestens einmal pro Monat per Online-Konferenz die wichtigsten Zahlen, Daten, Fakten an alle Mitarbeitenden, die dieser Einladung folgen und erläutert sie ausführlich. Nutzt dann ein Online-Befragungswerkzeug und bittet auf diesem Weg um Fragen und Hinweise. Auf diese Weise entsteht deutlich mehr Interaktion als bei einer offenen Befragung.

3.8.2   Strategische Kaminabende

Für strategisch besonders interessierte Mitarbeitende empfehle ich die Durchführung regelmäßiger strategischer Kaminabende, an denen die Hintergründe der Strategie des Unternehmens, das Leitbild, die Objectives, Key Results und das Kanban Board der Unternehmensentwicklung zu präsentieren und zu diskutieren sind. Die strategischen Kaminabende können auch genutzt werden, um Mitarbeitenden eine Bühne für ihre ganz eigenen Präsentationen zu strategischen Themen zu geben. Diese müssen keinen tagesaktuellen Bezug haben, sondern können bewusst Blitzlichter und Impulse ohne konkreten Organisations- oder Projektbezug sein. Ich empfehle, strategische Kaminabende 2–4-mal pro Jahr durchzuführen und dabei eine Uhrzeit außerhalb der üblichen Arbeitszeiten zu wählen. Die Agenda sollte viel Raum für Interaktion und Diskussion lassen.

3.8.3   Zusammenkünfte der Geschäftsbereiche

Darüber hinaus nutzen die Verantwortlichen der Wertschöpfungsbereiche die Zusammenkünfte ihrer Geschäftsbereiche, um sowohl die Objectives und Key Results des Gesamtunternehmens wie auch die ihres Bereichs zu präsentieren und zu diskutieren. Je nach Größe und Themenvielfalt des Bereichs empfehle ich 2–4 Treffen pro Jahr. Dort werden geschäftsbereichsspezifische Themen besprochen und einmal jährlich die Strategie des Geschäftsbereichs unter Beteiligung aller weiterentwickelt. An dieser Stelle werden gemeinsam und partizipativ die Objectives und Key Results des Geschäftsbereichs definiert bzw. angepasst. Eine Orientierung an den Objectives und Key Results des Gesamtunternehmens ist dabei wichtig, ein systematisches „Herunterbrechen" der Unternehmens-OKRs ist aber nicht anzustreben, da dadurch die Kreativität und Identifikation des Geschäftsbereichs untergraben würde. Selbstorganisierte Unternehmen vertrauen darauf, dass die OKRs und die Strategie der einzelnen Geschäftsbereiche einen Beitrag zu der Unternehmensmission und der Unternehmensvision leisten, ohne dass dies im Vorfeld explizit definiert wurde. Der gemeinsame Sinn hält es implizit zusammen. Das muss man aushalten lernen.

3.8.4   Mitarbeitendenversammlungen

Ganztägige Versammlungen aller Mitarbeitenden des Unternehmens oder eines Bereichs empfehle ich im Rhythmus von 1- bis 2-mal pro Jahr. Diese großen Mitarbeitendenversammlungen können durchaus auch online erfolgen und bieten bei guter Inszenierung nahezu genauso viel Interaktionsmöglichkeit wie physische Meetings.

Dabei wird ein halber Tag genutzt, um intensiv in spezielle Fach- oder Organisationsthemen einzusteigen und dabei Interaktion und Diskussion Raum zu geben. Dieses Format ist ausgelegt auf Präsentationen von Mitarbeitenden für Mitarbeitende. Um die Chance zu erhöhen, dass für viele etwas dabei ist, kann es hilfreich sein, parallele Vortragsspuren mit unterschiedlichen Schwerpunkten anzubieten. Selbstverständlich sollte die Teilnahme freiwillig sein.

Der zweite halbe Tag der Mitarbeitendenversammlung kann dann eher von Plenumsvorträgen geprägt sein. Hierzu gehört alles, was zum Verstehen des gesamten Unternehmensgeschehens nützt, z. B. Infos aus den Finanzen, aus dem Vertrieb, aus dem Marketing, aus dem Personalwesen etc. Ebenso kann an dieser Stelle exemplarisch die Wertschöpfung des Unternehmens durch Präsentation von Beispielprojekten oder von Produktleistungen zum Nutzen der Kunden verdeutlicht werden. Mit der konkreten Verdeutlichung des Kundennutzens und der Kundenzufriedenheit entsteht Stolz und Verbundenheit zum eigenen Unternehmen. Auch für diese Präsentationen empfiehlt es sich, Menschen aus dem eigenen Unternehmen zu gewinnen, die ganz konkret an der Wertschöpfung mitgewirkt haben, statt ausschließlich die Manager präsentieren zu lassen.

Unseren Mitarbeitenden gefallen auch besonders einige etwas ungewöhnliche Beiträge wie Hobby- und Reiseberichte sowie der „heiße Stuhl", bei dem die Geschäftsführung mit anonymen, kritischen Fragen per Onlineumfrage brutalstmöglich konfrontiert wird. Insbesondere in Krisenzeiten ist dies ein wirkungsvolles Ventil. Wenn die Geschäftsführung auch die härtesten Angriffe offen und ehrlich kontert, entsteht dadurch gestärktes Vertrauen.

Zum Abschluss der Versammlung empfiehlt sich im Falle von physischen Meetings ein gemütliches Beisammensein, um das gemeinsam Geleistete zu reflektieren und einfach die Verbundenheit mit dem Team zu spüren.

Diese Form der Mitarbeitendenversammlung ist bis zu einer Anzahl von 150 Personen problemlos durchführbar und für viele Geschäftsmodelle auch lohnend. Insbesondere, wenn die Leistungen des Unternehmens vielfältig sind und die Mitarbeitenden im Tagesgeschäft wenig Interaktion haben, ist diese Form nahezu unverzichtbar. Bei sehr stark standardisierter Leistungserbringung und enger Zusammenarbeit im Tagesgeschäft müssen schlankere Formate und ggf. längere Zyklen angewandt werden. Wenn das Unternehmen mehr als 200 Mitarbeitende angestellt hat (von denen erfahrungsgemäß die oben genannten 150 erscheinen), müssen die Versammlungen segmentiert werden. Eine Möglichkeit der Segmentierung ist die Durchführung von Bereichsversammlungen nach oben beschriebenem Muster. Kreativer wäre es, wenn sich jeweils Menschen aus mehreren Geschäftsbereichen mischen würden. Das würde Silos öffnen, könnte aber eine thematische und logistische Herausforderung sein, die im Einzelfall zu prüfen ist.

3.8.5 Online-Seminare der Wertschöpfungsbereiche und Internen Services

Kommen wir jetzt zu Online-Formaten, die primär die Informationsvermittlung im Fokus haben. Ich empfehle, dass jeden Monat ein Wertschöpfungsbereich bzw. ein Interner Service ein Online-Seminar für alle Mitarbeitenden anbietet. Idealerweise gelingt es so, von jedem Bereich innerhalb eines Jahres die Ziele, die Strategie und die bisherigen Erfahrungen mitzubekommen. Das Online-Seminar sollte aufgezeichnet werden und dann im unternehmensweiten Intranet abgelegt werden, damit jeder die Chance hat, sich dieses anzusehen. Menschen, die live dabei sind, können sich auch interaktiv beteiligen.

3.8.6 Intranet

Apropos Intranet: Diese Informationsdrehscheibe sollte intensiv als Informations- und Kommunikationsplattform genutzt werden. Die Anwendungsmöglichkeiten sind vielfältig. News aus den Geschäftsbereichen und Internen Services, Diskussionsforen, Lobstelle, Schwarzes Brett, Unternehmenskennzahlen, Enterprise Social Media u. v. m. helfen, die Kommunikation aufrechtzuerhalten und damit den gemeinsamen Spirit zu stärken.
 Ich bin ein großer Freund davon, die regelmäßigen Zusammenkünfte zu nutzen, um die allgemeine Befindlichkeit der Mitarbeitenden zu erheben. Dies kann gerne kurz und knapp erfolgen, z. B. durch die anonyme Erhebung der Zustimmung zu den einfachen Thesen:

- Aktuell kann ich alles in allem sagen, dass dies hier ein sehr guter Arbeitsplatz ist.
- Im vergangenen Monat hatte ich überwiegend Freude bei meiner Arbeit.
- Die Ziele und Strategie des Unternehmens und meines Geschäftsbereichs sind mir klar.
- Die Verantwortlichen haben ein klares Bild der Unternehmensziele und wie sie erreicht werden.
- Ich habe Zugriff auf alle wichtigen Unternehmensinformationen bzw. weiß, wen ich hierzu ansprechen kann.

Wenn diese 5 Thesen auf einer Likert-Skala mit 5 Stufen von „stimme weitgehend zu" bis zu „stimme weitgehend nicht zu" regelmäßig von sehr vielen Mitarbeitenden beantwortet werden, ergibt sich ein guter Ansatz zur kontinuierlichen Verbesserung hin zu einer Organisationsexzellenz. Wichtig ist dabei, dass die Verantwortlichen die Ergebnisse der Befragungen sehr ernst nehmen und spürbar an einer Verbesserung arbeiten. Exzellente Unternehmen erzielen dauerhaft mehr als 90 % Zustimmung und arbeiten dennoch an einer Verbesserung. Neben diesen Blitzlichtbefragungen, die mindestens einmal pro Monat erfolgen sollten, empfehle ich die Teilnahme an Arbeitgeberwettbewerben wie z. B. Great Place to Work®.
 Abschließend möchte ich zur Zutat 7 „Transparenz und Feedback auf allen Ebenen" eingestehen, dass die vollständige Anwendung aller oben beschriebenen Kommunikations-

plattformen einen erheblichen Aufwand bedeutet. Hinzu kommen dann auch noch für einige Gruppen der Strategische Steuerungskreis SSK, das Markt-Manager-Gremium MMG und die Runde der People Leads. Zählt man die benötigten Personentage zur Teilnahme an all diesen Kommunikationsplattformen sowie zu deren professioneller Vorbereitung zusammen, ist das eine große Investition in Zeit. Lohnt sich das? Für mein Unternehmen noventum mit aktuell 115 Mitarbeitenden kann ich das mit einem eindeutigen JA beantworten. Ob andere Unternehmen mit anderer Mitarbeitendenanzahl, in einer anderen Branche es in ähnlicher oder anderer Form anwenden, muss der Verantwortliche für interne Kommunikation nach gründlicher Konsultation mit allen übrigen Verantwortlichen entscheiden. Er ist verantwortlich für die Entwicklung und Umsetzung einer wirtschaftlichen internen Gesamtkommunikationsstrategie, die viele der oben beschriebenen Formate und ggf. auch noch weitere enthält. Dieser Person fällt damit eine sehr große Verantwortung zu.

Praxistipps

#29: Veranstaltet einmal pro Monat ein Online-Info-Event zur Erläuterung der wichtigsten Unternehmenskennzahlen.

#30: Organisiert 2–4-mal pro Jahr einen strategischen Kaminabend o. Ä.

#31: Organisiert 1–2-mal pro Jahr ganztägige Mitarbeitendenversammlungen mit viel Interaktion, Diskussion und Beispielen von erzieltem Kundennutzen.

#32: Lasst die wertschöpfenden Geschäftsbereiche eigene Informations- und Strategietreffen organisieren.

#33: Organisiert einmal pro Monat ein Online-Seminar, in dem sich die wertschöpfenden Geschäftsbereiche bzw. Internen Services darstellen können.

#34: Achtet auf ein vielfältiges und lebendiges Intranet.

#35: Sucht bei jeder Gelegenheit das ehrliche Feedback Eurer Mitarbeitenden mit wenigen standardisierten Fragen und zeigt, dass diese Impulse aufgenommen werden.

#36: Benennt einen starken und kompetenten Verantwortlichen für die interne Kommunikation und „empowered" ihn. ◄

3.9   Zutat 8: Rollen und Titel

Zum Abschluss des Kap. 3 möchte ich auf einige wichtige psychologische Aspekte zu sprechen kommen. Selbst wenn die de jure Mächtigen sich vollständig dafür entschieden haben, Wirkung statt Machtausübung anzustreben, kann es passieren, dass viele andere Führungskräfte und Manager sowie Personen, die es werden wollen, das hier dargestellte flache bzw. vernetzte Organisationsmodell als Karrierekiller verstehen und für sich persönlich ablehnen. Ein Charme der Pyramide ist ja, dass man aufsteigen kann. Schritt für Schritt, mit mehr Anerkennung, Bürogröße, Dienstwagenklasse, Befugnissen und Gehalt. Diese Symbole von Wichtigkeit sind in der Hierarchiepyramide deutlich stärker ausgeprägt als in einer netzwerkorientierten Organisation von Verantwortlichen auf Augenhöhe, wie ich sie oben beschriebe habe. Wie schafft man es nun, den Menschen, die Karriere machen möchten oder die den erreichten Karrierelevel erhalten möchten, in dem hier beschriebenen Modell eine Heimat zu bieten?

Auf rationaler, intellektueller Ebene gilt es, mit einem professionellen Changemanagement die Dringlichkeit und den Wandlungswunsch hin zu einem selbstorganisierten, nicht-hierarchischen Organisationsmodell zu fördern (siehe Kap. 5). Es ist aber nicht davon auszugehen, dass alle Menschen, die eine klassische Karriere für sich erstrebenswert halten, dies auch voller Überzeugung „kaufen". Einige der Führungskräfte bzw. selbst ernannten zukünftigen Führungskräfte werden das Unternehmen verlassen, was man in vielen Unternehmensgeschichten, die sich diesem Wandel unterzogen haben, niedergeschrieben findet. Andere bleiben und versuchen wissentlich oder unbewusst, das neue System zu boykottieren. Diese richten meist deutlich größeren Schaden an als die erste Gruppe. Welche Karrierechancen bietet nun das hier dargestellte Organisationsmodell für Menschen, die Verantwortung übernehmen wollen und dazu eine entsprechende Wertschätzung spüren wollen?

Dieses Organisationsmodell bietet tatsächlich viel mehr Raum für tatsächliche Verantwortungsübernahme als die Hierarchiepyramide, wo viele Entscheidungen von oben noch legitimiert werden müssen. Das klassische „Oben" gibt es nicht mehr, sondern Konsultationskreise zur Absicherung der eigenen Entscheidungsideen. Am Ende agiert jeder Verantwortliche für einen Wertschöpfungsbereich wie ein Geschäftsführer einer Gesellschaft in einer Holdingstruktur. Das bedeutet viel mehr Freiheit und Selbstständigkeit als das Agieren eines Sandwich-Managers in einer traditionellen Pyramidenorganisation. Ich weiß, wovon ich rede. Die Reputation nach außen kann m. E. gut mit der Ernennung der Verantwortlichen zu Prokuristen verdeutlicht werden. Tatsächlich ist die **Prokuraerteilung** ein wichtiges Signal der Handlungskompetenz der Verantwortlichen in einer flachen, vernetzten Organisation. Dabei kann es dazu kommen, dass mehr Menschen Prokura erteilt wird, als das in einer Pyramidenorganisation der Fall wäre.

Wie oben beschrieben werden in meinem Modell Führungskräfte sowohl auf der Strategist-Ebene wie auch auf der Ebene der People Coaches benötigt. Dies kann in einer Person vereinigt sein, was viele Vorteile bietet, kann aber auch auf 2 Personen verteilt sein. Beide Rollen sind gleichermaßen wichtig. Ich bezeichne sie als **Unit Manager**, unabhängig davon, ob der Fokus auf der fachlich-strategischen Rolle, der Rolle der Befähigung von Mitarbeitenden oder der Kombination daraus liegt. Diese Menschen sind Gestaltende des Unternehmens auf Augenhöhe, und zwar sowohl in den Wertschöpfungsbereichen wie auch in den Internen Services. Sie diskutieren auf Augenhöhe im Strategischen Steuerungskreis SSK über die Geschäftsstrategie und vertrauen sich gegenseitig, dass jeder in seinem Verantwortungsbereich kluge Entscheidungen trifft, die transparent gemacht werden.

Im hier beschriebenen Organisationsmodell kommt der **Geschäftsführung**, dem Vorstand oder ähnlichen Funktionen eine wichtige Rolle zu, jedoch sehr selten die Rolle der obersten Entscheidungshierarchie. Im Normalfall sind auch diese Menschen Verantwortliche für einen Verantwortungsbereich im Sinne des Organisationsmodells. Häufig übernehmen sie Verantwortung für einen Internen Service, oft für die Bereiche Unternehmensentwicklung/Strategie, Unternehmenssteuerung oder Business Development/Innovation. In dieser Rolle agieren sie jedoch auf Augenhöhe mit den anderen Verantwortlichen. Sie haben Vertrauen in die Entscheidungskompetenz ihrer verantwortlichen Kollegen und erwarten auf der anderen Seite, dass ihre verantwortlichen Kollegen ihnen vertrauen. Wichtige übergeordnete Entscheidungen werden im Konsentverfahren getroffen. In 3 Situationen kommt den Geschäftsführern, Vorständen u. Ä. jedoch eine Sonderrolle zu:

- Wenn das Gesetz eine besondere persönliche Handlung verlangt.
- Wenn es ein Veto im Konsentverfahren aufzulösen gilt. In diesem Fall liegt die finale Entscheidung bei ihnen.
- Als People Coach der Unit Manager. Sie fördern die Unit Manager, geben Feedback, vereinbaren Gehalt etc. und berufen Unit Manager bzw. berufen sie auch ab, wenn sie erkennen, dass sie diese Rolle nicht angemessen wahrnehmen können.

Die Ausübung der Sonderrolle ist für das Funktionieren des Gesamtsystems von großer Wichtigkeit, auch wenn sie sehr selten ausgeübt wird. Alle Mitarbeitende des Systems müssen das Vertrauen haben, dass sie verantwortungsvoll genutzt wird. Ich empfehle, dass mindestens 2 Personen die Rolle des Geschäftsführenden bzw. Vorstands wahrnehmen. Sollte nur ein Mensch im Handelsregister eingetragen sein, kann dieser intern einen Stellvertretenden benennen. Die Rolle des Stellvertretenden kann auch rollierend besetzt werden. Da die Aufgabe der Geschäftsführung nicht primär die des obersten Entscheidenden, sondern des wichtigsten Unternehmensarchitekten und -befähigers ist, nenne ich diese Rolle gerne Chief Empowerment Officer statt Chief Executive Officer.

Unit Manager und Prokuristen sind weitgehend synonym und relativ konstant. Der erste Begriff wirkt primär nach innen, der zweite nach außen. Eine weitere Hierarchieebene sehe ich nicht. Jede Hierarchieebene bringt nach meiner Erfahrung viel Abgrenzung, Informationsfilterung u. v. m. mit, was verzichtbar ist. Besser geeignet finde ich dynamische Rollen, z. B. in Form eines **Product Lead** innerhalb eines Verantwortungsbereichs. Der Product Lead verantwortet ein Produkt bzw. eine Dienstleistung bzw. ein Thema innerhalb eines Wertschöpfungsbereichs und orientiert sich dabei an dessen Businessplan. Er genießt die persönliche Unterstützung und Förderung durch einen Unit Manager des Geschäftsbereichs. Die Rolle des Product Lead bietet die Chance für Mitarbeitende, sich in einem Thema zu profilieren und Verantwortung zu übernehmen. Ausgewählte Product Leads können Mitglieder des Strategischen Steuerungskreises SSK werden und sind damit noch enger an die Unternehmensstrategie gebunden.

Eine besondere Ausprägung des Product Lead kann der **Intrapreneur** sein, der einen eigenen Businessplan für ein potenzielles neues Geschäftsfeld erstellt. Diese Rolle ist auf Zeit ausgerichtet. Der Strategische Steuerungskreis SSK begutachtet die entstehende Geschäftsidee und entscheidet, ob aus dem Intrapreneur ein Verantwortlicher eines neuen wertschöpfenden Geschäftsbereichs wird, ob das Resultat in einen Businessplan eines bestehenden Wertschöpfungsbereichs einfließt oder ob die Idee aktuell nicht weiterverfolgt wird und die Lernerkenntnisse in das bestehende Geschäft einfließen.

Außerhalb der internen Verantwortlichkeiten sollten die **Senioritätsstufen** nach außen durchaus beibehalten werden. Im Beratungsgeschäft kann dies z. B. vom Trainee über den Junior Consultant, den Consultant, den Senior Consultant bis hin zum Management Consultant gehen. Weitere externe Titel wie Senior Architect, Chief Developer, Project Manager etc. sind möglich und oft hilfreich. Ich glaube, dass man diese externen Erfahrungsdokumentationen durchaus beibehalten sollte, sofern sie glaubwürdig, nachvollziehbar und nach klaren Regeln verteilt werden. Sie haben aber nichts mit den internen Entscheidungsprozessen und Privilegien zu tun.

Wie sollte schließlich die Kompensation der unterschiedlichen Rollen aussehen? Wer hat Anspruch auf welche qm Bürofläche, Anzahl Bürofenster, Größe des Dienstwagens, Grundgehalt, Unternehmensprämie? Dies ist ein sensibles Thema, dem in einer Transformation viel Aufmerksamkeit gewidmet werden muss. Hier ein Zwischenstand meiner Einschätzung:

- Menschen mit viel Verantwortung, d. h. Unit Manager bzw. Verantwortliche in Wertschöpfungsbereichen und in Internen Services, können ein relativ hohes Grundgehalt und eine relativ hohe Unternehmensprämie beanspruchen.
- Gehalt und Unternehmensprämie für Menschen ohne interne Verantwortungsrolle sollten nach dem Senioritätsgrad definiert werden.
- Die Größe eines Dienstwagens an der internen oder externen Rolle festzumachen, ist nicht mehr zeitgemäß. Hier gilt es aber, mit Fingerspitzengefühl die Transformation vorzunehmen.
- Die Zuordnung von Büros sollte nach funktionalen Kriterien erfolgen. Menschen, die oft viele Menschen empfangen, brauchen große Büros. Dabei ist der Verantwortungsgrad und die Rolle nicht relevant. In Zeiten von Home-Office und flexibler Bürozuordnung dürfte dieses Thema inzwischen recht entspannt sein.

Insgesamt empfehle ich an dieser Stelle eine Auseinandersetzung mit dem Werk „New Pay" (Franke et al. 2019). Dort werden verschiedene Modelle einer fairen Gehaltsfindung in Zeiten von „New Work" beschrieben. Ich habe auch in einem Blogartikel am 30.09.2019 meine Einschätzung von „New Pay" beschrieben.

Praxistipps

#37: Vermeidet eine pyramidale Struktur. In Unternehmen mit nicht mehr als 200 Mitarbeitenden kommt man mit 2 Ebenen aus, und zwar Führungskräfte incl. Geschäftsführung und Mitarbeitende.

#38: Beschränkt Euch bei der Vergabe von außenwirksamen Titeln auf wenige Begriffe, wie z. B. Prokurist und Unit Manager und nutzt zusätzlich den Senioritätsgrad bzgl. der Aufgabe.

#39: Geht mit anderen Statussymbolen wie Dienstwagen und Bürogröße konsequent funktional um.

#40: Setzt Euch bzgl. des Vergütungssystems mit dem Werk „New Pay" auseinander. Dort findet Ihr einige hilfreiche Beispiele. ◄

3.10 Skalierung des Organisationmodells

Wenn wir bei der Analogie des Kochrezepts mit den bisher erwähnten 8 Zutaten (siehe Abb. 3.1)

- Entwicklung und Förderung von Vertrauenskultur
- Verantwortungsbereiche in 2 Dimensionen
- Entscheidungsprozesse und Gremien
- Agile Unternehmensführung
- Aufbau eines wirkungsvollen Controllingsystems mit OKRs
- Das Leitbild als Kompasses und strategischer Orientierungsrahmen für alle
- Transparenz und Feedback auf allen Ebenen
- Rollen und Titel

bleiben, so ist dieses Rezept für ein Restaurant mit 50–200 Gästen vollständig erfolgreich anwendbar, sofern die Mächtigen die entsprechende Haltung mitbringen, der Veränderungsprozess professionell durchgezogen wird und dann operative Exzellenz an den Tag gelegt wird.

Bei Organisationen mit weit mehr als 200 Mitarbeitenden werden jedoch quantitativ einige Grenzen des Organisationsmodells gesprengt, z. B.:

- Der Strategische Steuerungskreis SSK wird entweder zu groß oder die Partizipation der Wertschöpfungsbereiche und der Internen Services am SSK wird zu gering.
- Die Anzahl der Themen auf dem Kanban Board der Unternehmensentwicklung wird zu groß oder die Themen werden zu unspezifisch.
- Das Markt-Manager-Gremium MMG wird zu groß.
- Der Kreis der People Leads wird zu groß.
- Die Anzahl der Entscheidungsvorschläge nach dem Konsentverfahren wird zu groß.
- Die Anzahl der Menschen bei den empfohlenen Versammlungen wird zu groß.
- Das Leitbild wird zu vielfältig und unübersichtlich.
- Die Anzahl der Objectives und Key Results wird zu groß.

Damit würde dieses Organisationsmodell unübersichtlich und ineffizient. Wie lassen sich nun die immensen Vorteile von Verantwortung, Vertrauen, Leistungsorientierung und Selbstorganisation in einer Welt von Unternehmen mit vielen Hundert Mitarbeitenden oder mehreren Tausend Mitarbeitenden erreichen? Ich bin davon überzeugt, dass der weit überwiegende Anteil der oben beschriebenen Zutaten auch in der Welt der größeren Unternehmen funktioniert. Daher fände ich einen Rückfall in die verklärte alte hierarchische Welt, nur weil es schwierig wird, die Quantitätsprobleme zu bewältigen, fatal. Ich möchte daher folgende Skalierungsvariante anbieten:

- „Schneidet" möglichst autarke Unternehmensteile von jeweils 50–200 Mitarbeitenden, die relativ wenig Überschneidungen miteinander haben und die Gemeinsamkeiten bzgl. der Wertschöpfung (Produkte, Kundengruppen u. Ä.) haben. Belasst in den einzelnen Unternehmensteilen so viel Eigenständigkeit wie möglich.
- Formiert analog zu dem Strategischen Steuerungskreis SSK, welcher für einen Unternehmensteil von 50 bis 200 Mitarbeitenden wirkt, ein neues Gremium, das die Koordination der Unternehmensteile zur Aufgabe hat. Dieses Gremium könnte Enterprise Organisation Team EOT heißen und würde in gleicher Weise wie der SSK arbeiten. Er wäre besetzt aus Repräsentanten der Unternehmensteile und würde wie der SSK nach dem Konsentverfahren entscheiden. Er ist damit kein hierarchisch übergeordnetes Gremium, sondern ein Reflexionsgremium für Themen, die mehrere Unternehmensteile betreffen.
- Richtet übergeordnete interne Serviceteams ein, falls eine Zusammenfassung von Internen Services aus den Unternehmensteilen große Synergien bringt. Verschlankt oder eliminiert diese Internen Services in den Unternehmensteilen, aber nur, wenn es offensichtlich ist, dass der Interne Service auf Gesamtunternehmensebene im Sinne des Kunden besser aufgehoben ist. Kundennutzen geht vor Effizienz.
- Passt Euer Leitbild und Eure Objectives und Key Results so an, dass 3 Ebenen (Gesamtunternehmen, Unternehmensteil, Wertschöpfungsbereich/Interner Service) abgebildet werden. Lasst die Granularität auf der Ebene Wertschöpfungsbereich/Interner Service unverändert und haltet die Definitionen und Messungen auf den anderen beiden Ebenen so schlank wie möglich.
- Beachtet das neue Rollenspiel. Die Mächtigen gibt es immer noch. Sie agieren in der skalierten Variante jedoch im Gesamtunternehmensbereich. Dort nehmen sie idealerweise die Rolle des Gesamtunternehmensentwicklers/Architekten und des Gesamtsteuerers ein. Auch diese Rolle ist eine Servant-Leader-Rolle, bei der jedoch die finale Entscheidung liegt. Insbesondere bei der Besetzung der Rollen für die Verantwortlichen der Unternehmensteile und der übergeordneten Internen Services hat er die Entscheidungsverantwortung.
- Die Hauptverantwortlichen in den Unternehmensteilen werden vom Mächtigen auf Gesamtunternehmensebene eingesetzt. Im skalierten Modell sind sie damit nicht mehr wirklich die Mächtigen, sondern nur von den Mächtigen temporär Bevollmächtigte. Das sollte bei der normalen Geschäftsausübung jedoch keinen Unterschied bedeuten. Sie sind i. d. R. verantwortlich für die internen Prozesse der Unternehmensentwicklung und der Unternehmenssteuerung auf Ebene des Unternehmensteils. Somit agieren sie exakt so wie oben beschrieben. Der einzige Unterschied zu der Situation bei Unternehmen von 50 bis 200 Mitarbeitenden ist, dass sie vom Mächtigen entmachtet werden können.

Dies sind die wichtigsten Ergänzungen des Organisationsmodells für Unternehmen mit deutlich mehr als 200 Mitarbeitenden. Im Detail existiert noch eine Menge weiterer Regelungsbedarf, der den Rahmen hier sprengen würde. Meine wichtige Botschaft ist an dieser Stelle, dass auch für die Organisation von Unternehmen mit vielen Hundert oder mehreren Tausend Mitarbeitenden die gleichen Prinzipien und Werte im Sinne von Vertrauen, Verantwortung, Leistungsorientierung und Selbstorganisation gelten wie bei den kleineren Mittelständlern. Eine klassische Weisungshierarchie ist auch bei den größeren Unternehmen kontraproduktiv, um sich erfolgreich in einer komplexen Welt zu bewegen. Die in Kap. 3 beschriebenen 8 Zutaten sind dabei die Basis für die Organisationsmodelle größerer Unternehmen, die intelligent um einige wenige, schlanke, effiziente Elemente der Skalierung ergänzt werden.

Literatur

Doerr, John, OKR: Objectives & Key Results: Wie Sie Ziele, auf die es wirklich ankommt, entwickeln, messen und umsetzen, Vahlen 2018

Franke, Sven, Hornung, Stefanie und Nobile, Nadine, New Pay – Alternative Arbeits- und Entlohnungsmodelle, Haufe 2019

Friedrich, Kerstin, Das große 1×1 der Erfolgsstrategie: EKS® – Die Strategie für die neue Wirtschaft, Gabal 2009

Friedrich, Kerstin, Erfolgreich durch Spezialisierung: Radikal anders – radikal besser, Redline Verlag 2014

Friedrich, Kerstin, Spielregeln für Game Changer: Den Teamgeist entfesseln durch radikale Transparenz und Gamifizierung, GABAL 2020

Rotermund, Uwe, Glücklich Führen. Schritt für Schritt zu ausgezeichneter Unternehmenskultur, noventum consulting 2013

Sinek, Simon, Frag immer erst warum. Wie Führungskräfte zum Erfolg inspirieren, Redline Verlag 2014

Stack, Jack, Burlingham, Bo et al. The Great Game of Business – The Only Sensible Way to Run a Company, Crown Business 2013

Sutherland, Jeff, Scrum: The Art of Doing Twice the Work in Half the Time, Random House Business 2015

Good Practices

4

4.1 Authentische Inspiration/Portraits und Interviews

Bleibt neugierig! In Kap. 2 habe ich Euch einige Bücher und Communities vorgestellt, die mich sehr inspiriert haben auf der Suche nach einem zukunftsorientierten Organisationsmodell. Jetzt möchte ich Euch in diesem Kapitel von einigen Begegnungen mit Unternehmen bzw. Unternehmenden erzählen, die viele der beschriebenen Strukturen erfolgreich eingeführt haben. Praxisbeispiele sind viel glaubwürdiger und überzeugender als noch so plausible und vielversprechende theoretische Modelle. In den letzten Jahren habe ich über mein persönliches Netzwerk recht viele Einblicke in unglaublich spannende Unternehmen bekommen. Zu 8 Beispielen möchte ich Euch in diesem Kapitel mitnehmen und meine dort gewonnenen Erkenntnisse mit Euch teilen. Anlässlich dieses Buches habe ich den Kontakt mit diesen Unternehmen gesucht und ein Interview mit einem Verantwortlichen geführt. Dabei habe ich immer die gleichen Fragen gestellt:

> **Fragen an die Unternehmensverantwortlichen**
> Wie erleben Sie persönlich Komplexität?
> Welche Rezepte zum Umgang mit Komplexität haben Sie?
> Was bedeutet Selbstorganisation für Sie?
> Was waren für Sie die Erfolgsfaktoren für die Transformation zu Selbstorganisation und Agilität?
> Welche Meinung haben Sie zu meinen 8 Zutaten eines Rezepts zum erfolgreichen Umgang mit Komplexität?
> Zutat: Management von Vertrauenskultur
> Zutat: Schneiden von Verantwortungsbereichen

U. Rotermund, *Ausbruch aus der Komplexitätsfalle*,
https://doi.org/10.1007/978-3-662-62928-4_4

Zutat: Definieren von Entscheidungsprozessen
Zutat: Agile Unternehmensführung
Zutat: Objectives und Key Results
Zutat: Leitbild
Zutat: Transparenz und Kommunikation
Zutat: Rollen und Titel
Was sind Dos und Don'ts bei der Entwicklung hin zu Selbstorganisation?
Was waren Ihre größten Überraschungen?
Wie können Sie den Nutzen der Transformation messen?

Die Kurzfassung der Interviews findet Ihr unten in diesem Kapitel, jeweils eingeleitet durch ein Portrait der Unternehmen sowie einer Geschichte meiner Besuche dort.

Naturgemäß sind inhaltliche Wiederholungen nicht zu vermeiden, wenn 8 Menschen mit identischen Fragen konfrontiert werden. Die Transkripte der Interviews sind daher recht pointiert. Hier zum besseren Verständnis einige allgemeine Erkenntnisse aus den Interviews:

Muster der Interviewantworten
Bei der Frage **„Wie erleben Sie persönlich Komplexität?"** hat die Mehrzahl meiner Interviewpartner zu erkennen gegeben, dass dies eine große Herausforderung ist. Da ich meinen Fokus bei den Interviews auf Macher statt auf Opfer gelegt habe, überrascht es nicht, dass alle diese Herausforderung angenommen haben und mit Optimismus, Tatkraft und Freude Wege gefunden haben, mit der Komplexität umzugehen. Alle Interviewpartner haben auch einen großen Respekt vor der Komplexität und wissen, dass es keine einfachen Antworten gibt. Sie sind ambiguitätstolerant. Als Ausnahme ist hier Buurtzorg zu nennen, dessen Geschäftsmodell einen relativ geringen Komplexitätsgrad hat, wie Gunnar Sander im Interview betont hat. Komplexität ist keine primäre Herausforderung für Buurtzorg.

Bei der Frage **„Welche Rezepte zum Umgang mit Komplexität haben Sie?"** kam bei allen Interviewpartnern heraus, dass dies nur mit einer Stärkung dezentraler Verantwortung funktionieren kann, die auf einem klaren und gleichzeitig flexiblen Regelwerk der Verantwortungsdefinition beruht. Oft sind laut der Interviewpartner agile Methoden eine gute Antwort auf komplexe Herausforderungen, aber manchmal ist es besser, klassische Planungs- und Entscheidungsverfahren einzusetzen. Gerade in großen Organisationen ist ein hybrides „Betriebssystem" der Organisation notwendig.

Die Frage **„Was bedeutet Selbstorganisation für Sie?"** haben manche der Interviewpartner aus 2 Perspektiven beantwortet, und zwar einerseits bzgl. der persönlichen Selbstorganisation und andererseits bzgl. der Selbstorganisation von Teams. Bei der persönlichen Selbstorganisation zeigten meine Interviewpartner eine Sensibilität für eine vorbildliche eigene Organisation. Marcus Loskant von der LVM z. B. verdeutlichte mir, dass er alle dienstlichen und privaten Dinge in der Cloud gespeichert hat und damit jederzeit Zugriff auf alle relevanten Informationen hat. Beim Thema der Selbstorganisation von Teams war die einhellige Meinung, dass die Befähigung hierzu ein entscheidender Erfolgsfaktor ist. Bei Buurtzorg ist die Selbstorganisation von Teams der Kern des revolutionären Geschäftsmodells.

Bei der Frage **„Was waren für Sie die Erfolgsfaktoren für die Transformation zu Selbstorganisation und Agilität?"** haben meine Interviewpartner unisono verdeutlicht, dass Grundvoraussetzung die ehrliche Absicht des Topmanagements ist, die Transformation mit viel Transparenz, Partizipation und Wertschätzung für das Bestehende durchzuführen. Eine Hidden Agenda oder Fakes sind Gift für solch eine Transformation. Auch haben mir einige Interviewpartner deutlich gemacht, dass ein dogmatisches Vorgehen nicht zielführend ist, sondern dass man oft ein Sowohl-als-auch akzeptieren muss.

Ich habe die Interviewpartner mit den 8 Zutaten meines Rezepts zum erfolgreichen Umgang mit Komplexität und zur Etablierung einer Kultur von Vertrauen, Verantwortung und Leistung konfrontiert und dabei sehr ähnliche Haltungen festgestellt.

Die Zutat **„Management von Vertrauenskultur"** wurde von allen als Grundvoraussetzung genannt. Wie Vertrauenskultur aber konkret in einem Managementsystem Eingang findet, wurde recht unterschiedlich beantwortet. Einige Interviewpartner halten externe Mitarbeitendenbefragungen und Benchmarks für hilfreich, andere setzen auf andere Methoden der Förderung von Vertrauenskultur.

Die Zutat **„Schneiden von Verantwortungsbereichen"** wurde von meinen Interviewpartnern ebenfalls als substanziell bewertet. Dabei gaben viele zu bedenken, dass es einerseits sehr wichtig ist, klare Verantwortungsbereiche zu definieren, dass es andererseits aber auch zwingend notwendig ist, das große Ganze und die Wertschöpfungskette nicht aus den Augen zu verlieren. Verantwortungsbereiche müssen durchlässig konzipiert werden.

Die Zutat **„Definieren von Entscheidungsprozessen"** bewerteten alle Interviewpartner ebenfalls als hochgradig relevant, wobei Einigkeit darüber bestand, dass so viele Entscheidungen wie möglich in den dezentralen Teams getroffen werden sollten. Bzgl. der Verfahren bei Unsicherheiten oder übergeordneten Interessen hatten die Interviewpartner unterschiedliche Modelle.

Die Zutat **„Agile Unternehmensführung"** habe ich bei meinen Interviewpartnern sehr unterschiedlich ausgeprägt gefunden. Während movingimage beispielsweise das gesamte Unternehmen incl. aller Administrationsbereiche mit agilen Methoden führt, wendet Buurtzorg gar keine agilen Methoden an. Bei Buurtzorg herrscht wenig Komplexität, daher entfaltet sich dort auch kein großer Nutzen durch agile Methoden. Insbesondere die größeren Unternehmen Deutsche Telekom, Fiducia & GAD IT und LVM wenden agile Methoden selektiv an.

Die Zutat **„Objectives und Key Results"** stellte sich in den Interviews als ganz wichtiges Element dar. Dabei hatte keines der 8 befragten Unternehmen die Methode OKR in Reinkultur eingeführt, alle haben aber den Geist von „Objectives und Key Results" verinnerlicht und wenden ihn an. Die Formulierung einer attraktiven Vision in Verbindung mit messbaren Zielen, die fokussiert und dynamisch sind, habe ich überall als wichtigen Erfolgsfaktor identifiziert.

Die Zutat „**Leitbild**" mit der klaren Definition von Mission, Vision, Werten und Prinzipien wurde von all meinen Interviewpartnern als unabdingbare Voraussetzung für ein selbstorganisiertes Unternehmen mit einer Kultur von Vertrauen, Verantwortung und Leistung gesehen. Während ich in vielen „normalen" Unternehmen häufig ein Defizitgefühl bzgl. der Wirksamkeit des Leitbilds feststelle, waren alle meine Interviewpartner ganz klar bzgl. des Unternehmensleitbilds und verdeutlichten mir ihre Anstrengungen, dieses in den Köpfen aller Mitarbeitenden zu verankern.

Die Zutat „**Transparenz und Kommunikation**" wurde von allen meinen Interviewpartnern als riesengroße Herausforderung gesehen. Während die kleineren Unternehmen dazu noch überschaubare Konzepte vorweisen konnten, gestaltet sich dieses bei Organisationen mit mehreren Tausend Mitarbeitenden als echte Herkulesaufgabe. Alle sind sich jedoch einig, dass die Aufgabe mit viel Einsatz auf vielen Kanälen angegangen werden muss.

Die Zutat „**Rollen und Titel**" führte bei allen Interviewpartnern zu ein wenig Ratlosigkeit. Alle waren davon überzeugt, dass sich Menschen viel besser über Verantwortung, Aufgaben und Rollen definieren können als über Titel, dass dies aber auch heute noch schwierig ist. Auch im 21. Jahrhundert ist offensichtlich vielen Menschen ein bedeutungsschwerer Titel ausgesprochen wichtig. Viele meiner Gesprächspartner waren noch unschlüssig, ob sie dies ignorieren oder akzeptieren sollten.

Meine 8 Interviewpartner haben mir bestätigt, dass die 8 Zutaten die wichtigen Aspekte der Unternehmensorganisation abbilden. Es ist also recht klar, wie eine Kultur von Vertrauen, Verantwortung und Leistung etabliert werden kann. Handwerklich ist es jedoch eine Herausforderung, ein passendes Organisationsmodell für das Unternehmen zu entwickeln. Dieses erfordert gerade in größeren Organisationen eine umfassende (Organisations-)Architekturkompetenz und viel Durchhaltevermögen. Und etwas anderes ist noch wichtiger, und zwar die aufrichtige Bereitschaft der Mächtigen, mit Empathie und Vertrauen führen zu wollen. Marcus Loskant von der LVM hat es bei seinem Interview schön gesagt. Für ein wohlschmeckendes Gericht sind nicht nur die Zutaten wichtig, sondern auch eine verbindende Sauce und Liebe bei der Zubereitung.

Zum Abschluss nach den 8 Zutaten einer gelingenden Unternehmenskultur habe ich den Interviewpartnern noch 3 Fragen gestellt.

Bei der Frage „**Was sind Dos und Don'ts bei der Entwicklung hin zu Selbstorganisation?**" kamen vielfältige Hinweise von meinen Interviewpartnern. Vertrauen, Glaubwürdigkeit, Empathie und Menschlichkeit sind dabei superwichtig wie auch Durchhaltevermögen und ein klarer Rahmen mit einer klaren Vision.

Die Antworten auf die Frage „**Was waren Ihre größten Überraschungen?**" waren sehr persönlich. Die Antworten offenbaren emotionale Einsichten in den Transformationsprozess. Einige meiner Interviewpartner waren sehr beeindruckt von der positiven Resonanz ihrer Mitarbeitenden, andere waren überrascht über das Beharrungsvermögen ihrer Organisation und die Dauer der Transformation.

Bei der Frage **„Wie können Sie den Nutzen der Transformation messen?"** bekam ich von meinen Interviewpartnern zwar inhaltlich sehr unterschiedliche Antworten, auffällig war aber, dass alle sehr zahlenaffin sind. Jeder meiner Interviewpartner hatte klare Vorstellungen, was sich messbar und spürbar durch die Transformation verbessert.

Über alle Fragen hinweg erkenne ich ein deutliches Muster. Meine Interviewpartner sind echte Überzeugungstäter mit einer Sinnorientierung, einer klaren Vision und einem Faible für Zahlen, Daten, Fakten. Auf der anderen Seite sind sie menschenorientiert, glaubwürdig und haben sich entschieden, konsequent partizipativ zu führen. Sie haben Durchhaltevermögen und sind frustrations- und ambiguitätstolerant. Und sie sind definitiv keine Opfer, sondern radikale Optimisten. Das gefällt mir sehr, das hat mir sehr viel Freude bei den Interviews bereitet.

4.1.1   Auf dem Airport der Hanseatic Bank

Hanseatic Bank, Hamburg

Mitte 2018 diskutierte ich mit dem Vorstandsvorsitzenden einer Sparkasse über die Potenziale von agilen Methoden. Damals hielt ich die Bezeichnung „agile Sparkasse" noch für ein Paradoxon, musste mich aber belehren lassen, dass sich einige Sparkassen bereits auf den Weg in die agile Welt gemacht und dabei viele positive Erfahrungen gesammelt hatten. Die Diskussion mit dem Sparkassenvorstand führte schließlich dazu, dass mich dieser bat, ein Finanzinstitut zu identifizieren, welches vorbildlich in der Anwendung agiler Methoden ist und dabei sehr erfolgreich. Fündig geworden bin ich bei der Hanseatic Bank in Hamburg, einer Tochtergesellschaft der französischen Bank Société Générale und der Otto Group. Diese Bank wollte die Kundenorientierung und Innovationskraft mit Hilfe der Anwendung agiler Methoden stärken und war dabei schon recht professionell, erfuhr ich von meinem agilen Geschäftsfreund Valentin Nowotny, der dort durch agile Trainings mitgeholfen hatte. Die besonders kooperative Kultur der Hanseatic Bank offenbarte sich mir schon dadurch, dass der Geschäftsführer Michel Billon, der Personalleiter Joachim Landow sowie weitere 5 Führungskräfte sich einen ganzen Tag Zeit nahmen, um den Besuchern der Sparkasse die agile Funktionsweise ihrer Bank zu erklären. Diese Gelegenheit ließ sich die Sparkasse nicht nehmen und reiste mit 6 Personen an, dem Vorstandsvorsitzenden und 5 weiteren Führungskräften, die die agile Transformation der Sparkasse weiter voranbringen sollten. Meine Rolle war dabei die des lernbegierigen Moderators.

Mit dem White Book der „digitalen Transition", später weiterentwickelt zur „digitalen Transformation" wurde bei der Hanseatic Bank 2016 der Grundstein für eine aus meiner Sicht außergewöhnlich agile Unternehmenskultur gelegt. Die Hanseatic Bank nimmt seitdem an Bankathons teil, führt „Disrupt Us"-Workshops durch, organisiert „Solution Labs", betreibt ein „Acceleration Hub" und hat Anfang 2018 konsequent crossfunktionale Teams aufgestellt. Das Konzept der crossfunktionalen Teams orientiert sich an dem Bild eines Verkehrsflughafens, wobei die direkt wertschöpfenden Bereiche entlang der wichtigsten Kundenbedürfnisse als „Flight Crews" aufgestellt sind. Die Flight Crew ist permanent besetzt, bündelt alle Kompetenzen zur Erfüllung des Kundenbedürfnisses und ist bzgl. ihrer Entscheidungen weitgehend autark, wobei sie sich an den Unternehmenszielen orientiert. Weitere wichtige Funktionen in der bildlichen Organisation der Hanseatic Bank sind der „Tower", der „Lotse" sowie der gesamte Flughafen. Diese prägnanten Bilder machen für mich deutlich, worum es in diesem Organisationsmodell geht, und zwar um ein Höchstmaß an Verantwortungsübernahme durch die Organisationsbereiche, die Kundennutzen schaffen und um Management als zentrale Dienstleistung für die kundennahen Bereiche und damit für die Kunden. Das entspricht genau meinem oben beschriebenen Bild einer Pfirsichorganisation.

Bei der Etablierung der vielen Organisationsmechanismen für dieses revolutionäre Modell hat die Hanseatic Bank einige Elemente und Methoden des agilen Werkzeugkastens benutzt. So sind z. B. die oben erwähnten Lotsen agile Berater, die dem gesamten Unternehmen bei der Anwendung agiler Arbeitsmethoden zur Verfügung stehen. Bei der Einführung von Agilität und einem geänderten Organisationsmodell hat die Hanseatic Bank sehr viel Wert auf einen wirkungsvollen Kulturwandel mit starkem Fokus auf gemeinsame Werte und Ziele und auf ein gutes Changemanagement gelegt. Neben all den beeindruckenden und ungewöhnlichen Organisationskonzepten hat mich das Team um Geschäftsführer Michel Billon auch dadurch beeindruckt, dass es konsequent und glaubwürdig eine agile Vertrauens- und Leistungskultur als Basis für die überlebenswichtige digitale Transformation geschaffen hat.

Besonders hängen geblieben bei dem Besuch dieser agilen Bank sind mir die Worte von Michel Billon „Wir machen hier eigentlich nicht Transformation, sondern Revolution". Ich bin dankbar, dass ich diese friedliche Revolution ein wenig kennenlernen durfte und dass wir so gastfreundlich empfangen wurden. Auch das zeichnet agile Unternehmen aus. Sie sind im gesamten Business-Ökosystem sehr kooperativ und immer auf der Suche nach Möglichkeiten des Austauschs und des Lernens.

Nach diesem erkenntnisreichen Treffen in Hamburg habe ich Michel Billon noch zweimal getroffen. Einmal bei der Preisverleihung an die besten Arbeitgeber Deutschlands im März 2019 in Berlin und schließlich anlässlich des Interviews, das ich mit ihm für dieses Buch geführt habe. Es hat mich erfreut zu hören, dass die Grundsätze der vertrauensbasierten und agilen Arbeitsweise noch in gleichem Maße wie zuvor gelten, dass sich das Unternehmen aber auch seitdem spürbar weiterentwickelt hat.

4.1.1.1 Interview mit Michel Billon, Geschäftsführer der Hanseatic Bank GmbH & Co. KG

Michel Billon, Geschäftsführer der Hanseatic Bank GmbH & Co. KG

Wie erleben Sie persönlich Komplexität?
Die Regulierung macht alles umfangreich und komplex. Es gibt immer neue Spielregeln, insbesondere bei uns in der Bankenbranche, und immer mehr Bedarf an Daten und Tiefe der Daten. Das macht das Spiel immer komplizierter. Die technologische Entwicklung bringt auch Komplexität mit sich. Auch die unterschiedlichen Verhaltensweisen der Generationen machen die Dinge komplex. Die Kunst ist es, mit dieser Technologie die Prozesse und Produkte für den Kunden einfacher zu machen. Ist dies alles nun eine Falle oder ein Hamsterrad? Für mich persönlich ist es sowohl Herausforderung als auch Chance. Wir sind in der Situation der Komplexität gezwungen zu reduzieren. Das ist nicht immer einfach; aber, wenn wir vorankommen wollen, müssen wir auf diese Weise lernen, mit der Komplexität umzugehen. Wir müssen dazu den Fokus immer wieder schärfen und strategische Orientierung schaffen. Wir haben uns beispielsweise in der Vergangenheit immer wieder von Produkten und Services getrennt, die nicht zu unserem Kerngeschäft gehören oder die nicht mehr zeitgemäß waren. So haben wir in den letzten Jahren z. B. unser Angebot an Schließfächern und Girokonten eingestellt sowie unsere Einlageprodukte vereinfacht und reduziert. Außerdem haben wir uns vor Kurzem entschieden, unsere 9 Filialen außerhalb Hamburgs zu schließen. Mit fortschreitender Digitalisierung sind sie einfach

nicht mehr wirtschaftlich. Für die betroffenen 28 Kollegen haben wir einen Sozialplan gemacht. Das war eine schwierige, aber notwendige Entscheidung.

Auch ist es für uns wichtig, dass wir die großen Ziele immer wieder auf kurze Zeiträume von 3 Monaten herunterbrechen und dabei die Projekte immer wieder vereinfachen.

Welche Rezepte zum Umgang mit Komplexität haben Sie?
Man muss sich auf seine Experten im Haus verlassen. Sie kennen die Themen meist besser als die Führungskräfte. Auch würde ich mir immer wieder Expertenmeinungen von außen holen. Es ist sehr wichtig, sich anzusehen, wie die Dinge bei anderen Firmen in Deutschland, Europa, Amerika und Asien funktionieren. Da lassen wir uns immer gerne inspirieren. Zusammenfassend würde ich sagen, man muss neugierig sein. Das ist sehr, sehr wichtig.

Was bedeutet Selbstorganisation für Sie?
Auf der einen Seite ist es wichtig, dass unsere Experten selbstständig bzw. selbstorganisiert arbeiten, auf der anderen Seite funktioniert es nur im Team. Die Teams organisieren sich so, dass sie ihre Ziele der nächsten 2 Wochen, 6 Wochen oder 3 Monate erreichen können, je nachdem, wie lang die Sprints sind. Aber wichtig ist auch, dass es einen Rahmen bzw. Leitplanken des Unternehmens gibt. Dies sind Ziele und Werte und diese vermitteln wir. Nur wenn uns dies gelingt, funktioniert Selbstorganisation.

Was waren für Sie die Erfolgsfaktoren für die Transformation zu Selbstorganisation und Agilität?
Am Anfang steht der Impuls und das Commitment vom Management. Ohne das ist keine Transformation möglich. Des Weiteren ist es wichtig, mit viel Transparenz und Kommunikation viele Menschen mitzunehmen. Wir haben die Transformation aus der Mitte heraus gestartet und dazu anfangs ein Team „Zukunftswerkstatt" gebildet, das sich mit vielen Mitarbeitern und Führungskräften intensiv ausgetauscht hat. Das war wirklich ein iterativer Prozess. Wir haben das Team „Zukunftswerkstatt" stark „empowered", ihm Verantwortung und Anerkennung gegeben. Training war auch sehr wichtig, z. B. in der Anwendung agiler Methoden wie Scrum und Kanban. Telekommunikation und Zielklarheit waren weitere wichtige Aspekte der Transformation. Wir hatten auch die Klarheit bzgl. unseres Organisationsmodells, unseres Systems, wobei ich den Begriff System nicht mag. Er klingt mir zu starr. Ich sehe eine Organisation eher wie einen Organismus, wie ein lebendes Wesen. Es muss sich immer wieder adaptieren und aus Fehlern lernen.

Zutat: Management von Vertrauenskultur
Ja, das ist sehr entscheidend. Vom Topmanagement über Führungskräfte zu den Mitarbeitern funktioniert das schon recht gut. In der anderen Richtung, d. h. das ehrliche Feedback von Mitarbeitern an die Führungskräfte, ist das noch verbesserungswürdig. Beide Richtungen sind gleichermaßen wichtig. Ohne Vertrauenskultur kann Selbstorganisation nicht funktionieren.

Zutat: Schneiden von Verantwortungsbereichen

Klare Ziele und Messpunkte von Verantwortungsbereichen sind entscheidend. Diese dürfen weder vertikal noch horizontal geschlossen sein. Es darf nicht sein, dass in jedem Verantwortungsbereich die Leute zwar ihren Job machen, aber die Wertkette nicht beachten. Daher braucht es eine klare Governance.

Zutat: Definieren von Entscheidungsprozessen

Bei unseren wichtigen Entscheidungen wird im Team mit den Signalen „Daumen hoch", „Daumen runter" oder „offene Hand" die Haltung zu einem Entscheidungsvorschlag kommuniziert. Diejenigen, die die offene Hand zeigen, machen damit deutlich, dass sie noch Einwände haben, aber dennoch die Entscheidung mittragen. Mit den Menschen, deren Daumen nach unten zeigen, muss solange diskutiert werden, bis zumindest eine offene Hand gezeigt wird. Wenn es nicht gelingt, alle nach unten gerichteten Daumen aufzulösen, ist das ein Veto und die Entscheidung wird nicht getroffen.

Zutat: Objectives und Key Results

Ich sehe OKRs zwar nicht als Lösung für alles und jeden, aber ich halte es für sehr wichtig, dass sich die Teams Ziele setzen und diese anstreben. Welches System sie dazu nutzen, ist mir egal. Wichtig ist für uns, dass die Teams klare Ziele festlegen und diese gemeinsam verfolgen und erreichen. Wir haben auch in der Unternehmensvision definiert, dass wir unsere Kunden begeistern. Damit meinen wir nicht nur unsere Kunden außerhalb des Unternehmens, sondern auch unsere internen Bereiche als Kunden. Die Teams müssen versuchen, sich gegenseitig zu begeistern.

Zutat: Leitbild

Für mich ist die Definition von Leitbild, Rahmenbedingungen, Leitplanken etc. Bestandteil von agiler Unternehmensführung. Man muss seine Leute ermächtigen, ihnen Verantwortung übertragen, coachen, trainieren etc. Agile Unternehmensführung sorgt dafür, dass das System bzw. der Organismus funktioniert. Die Unternehmensvision muss immer wieder in Erinnerung gebracht werden: „Wir sind dafür da, unsere Kunden zu begeistern". Unsere Wettbewerber wollen zufriedene Kunden. Das ist uns zu wenig. Wir wollen begeistern.

Zutat: Transparenz und Kommunikation

Wir sind sehr transparent und wir kommunizieren ausgesprochen ehrlich und umfassend. Das ist besonders seit der Coronakrise wichtig. Jeden Monat berichten wir über unser Ergebnis und wo wir noch Lücken oder Probleme haben. Alles, was in unserem Management Committee besprochen wird, kann im Intranet nachgelesen werden. Bzgl. Transparenz und Kommunikation gehen wir schon sehr weit.

Zutat: Rollen und Titel

Das ist ein schwieriges Thema. Da haben wir noch nicht die richtige Lösung gefunden. Wir haben beispielsweise festgestellt, dass unser agiles Team im Acceleration Hub mehr Struktur braucht. Neben der Rolle des Product Owner werden wir jetzt auch „Strategic Lead" einführen. Damit ist jedoch nicht die alte Führungsrolle gemeint, sondern es geht dabei um Koordination, um Synergie, um Weitblick. Mitarbeiter, die diese Rolle übernehmen, versuchen Probleme zwischen den Teams zu lösen. In der Bank gibt es allerdings auch noch Bereiche mit klassischen Strukturen und klassischen Führungskräften. Wir haben also noch ein hybrides Modell. Wir wollen auch ganz bewusst aktuell nicht die gesamte Bank umorganisieren. Dadurch würden wir an Effizienz verlieren. Bei der Einführung von neuen Rollen wie Product Owner hat mich aber überrascht, dass sich auch einige Führungskräfte ganz bewusst auf eine Rolle in einem agilen Team beworben haben. Das ist sehr schön zu beobachten.

Was sind Dos und Don'ts bei der Entwicklung hin zu Selbstorganisation?

Einige Unternehmen wollen eine agile Organisation einführen, um Kosten zu sparen. Das ist falsch. Ganz im Gegenteil. Das Ziel kann nicht Kosteneinsparung sein. Aus meiner Erfahrung funktioniert das nicht. Wichtig ist auch, dass man nicht ohne ausreichend Vorbereitung diesen Weg beschreitet. Gleichzeitig darf man sich auch nicht zu viel vorbereiten. Irgendwann muss man umsetzen, leben und anpassen. Eine Organisation ist ein lebendes Wesen, das sich immer weiterentwickelt. Der Impuls muss vom Topmanagement kommen, sonst funktioniert es nicht. Der Drive muss danach allerdings von möglichst vielen Key Playern im Unternehmen kommen. Impuls und Drive sind gleichermaßen wichtig. Wenn eins davon fehlt, wird die Transformation nicht gelingen.

Was waren Ihre größten Überraschungen?

Die Dynamik, die sich nach dem Impuls entwickelt hat, hat mich wirklich überrascht. Die Teams haben schnell selbstständig Strukturen und neue Formate wie z. B. Fishbowl oder World Café aufgebaut, um die Kollegen mitzunehmen. Es wurde viel Aufwand betrieben, um alle teilhaben zu lassen. Das fand ich großartig. Die Geschwindigkeit, neue Methoden zu lernen und anzuwenden, war ebenfalls bemerkenswert. Ein bisschen enttäuscht war ich, dass wir nicht alle Mitarbeiter auf diese Reise mitnehmen konnten, aber mit gefühlt 80 % haben wir schon eine gute Quote. Aufgefallen ist mir auch, dass sich einige Führungskräfte sehr schwertun, loszulassen und den Mitarbeitern viel zuzutrauen.

Wie können Sie den Nutzen der Transformation messen?

Es ist schwierig, das mit Zahlen zu messen. Wir haben keinen Vergleich, wie es ohne Transformation verlaufen wäre. Was wir aber sehr deutlich festgestellt haben, ist, dass sich die Zufriedenheit der Mitarbeiter positiv entwickelt hat, insbesondere bei denen, die wir auf diese Reise mitnehmen konnten. Dementsprechend ist auch die Zufriedenheit unserer Kunden und Vertriebspartner gestiegen. Wir sind außerdem schneller geworden bei der Umsetzung von Themen. Unser Time-to-Market hat sich erheblich verkürzt. Auch unsere

Attraktivität am Arbeitsmarkt hat sich verbessert und das ist für uns sehr wichtig. Und insgesamt ist unsere Anpassungsfähigkeit als lebendes Wesen besser geworden. In den letzten Jahren haben wir einige Korrekturen an unserem agilen System vorgenommen.

4.1.2   Von den Skulptur-Projekten in den SmartHome-Showroom der Deutschen Telekom

Deutsche Telekom, Bonn

Wie sieht eine agile Transformation bei einem Megakonzern aus? Um dieser Frage auf den Grund zu gehen, kam mir die Kunstausstellung Skulptur-Projekte 2017 Münster, welche einmal im Jahrzehnt viele internationale Künstler und Besucher anzieht, zur Hilfe. Der CEO des Deutschen Telekom Konzerns, Timotheus Höttges, hatte die Skulptur-Projekte 2017 zum Anlass genommen, gemeinsam mit seinem Geschäftsführer Hagen Rickmann mit einigen regionalen Geschäftspartnern durch die Ausstellung zu bummeln und anschließend über Strategie und Kultur der Deutschen Telekom in den Austausch zu kommen. In dieser Diskussion war ich überrascht, mit wie viel Herzblut Tim Höttges es versteht, sowohl die Interessen der Shareholder bzgl. Gewinn und Wachstum zu adressieren, gleichermaßen aber auch ein großes Augenmerk auf eine Kultur von Mitarbeitenden- und Kundenorientierung zu legen. Den angestrebten Dreiklang von Vertrauen, Verantwortung und Leistung hat er bei seinen Ausführungen glaubwürdig verdeutlicht. Klar wurde jedoch auch, dass die innovativen und modernen Mächtigen eines solchen Riesentankers wie der Deutschen Telekom „ein dickes Brett bohren" müssen, bis man von einem agilen Unternehmen sprechen kann.

Der Nachmittag und Abend mit Tim Höttges und Hagen Rickmann in Münster ging schnell herum und viele Fragen blieben offen. Daher war ich sehr erfreut, als ich einige Monate später zu einer weiteren Gesprächsrunde mit den beiden Herren eingeladen wurde, diesmal in das Hauptquartier der Deutschen Telekom in den Glaspalast nach Bonn, und zwar dort in den SmartHome-Showroom. Es war schon beeindruckend, mit welcher Selbstverständlichkeit die Gastgeber dort mit Mikrochips unter der Haut die Geräte im Showroom steuern konnten. Ob man das alles heute unbedingt braucht, war nicht die Frage, sondern mit welcher Freude an Innovation die Mitarbeiter der Deutschen Telekom bei der Sache waren. Anschließend hatte wieder Tim Höttges seine Bühne, der diesmal den Zusammenhang zwischen Innovationskraft und agiler, vertrauensbasierter Unternehmenskultur verdeutlichte. Ich nutzte wiederum die Gelegenheit, ein wenig nachzubohren, wie denn die kulturelle Transformation in seiner Organisation gelingt. Ein wichtiges Fazit war dabei, dass es missionskritisch ist, nicht nur ein gutes Organisationsdesign zu haben, sondern auch an vielen wichtigen Stellen die richtigen Multiplikatoren zu platzieren.

In der Folge hatte ich immer wieder die Gelegenheit, Tim Höttges und Hagen Rickmann live zu erleben bzw. mit ihnen zu diskutieren und die erfolgreiche Entwicklung der Deutschen Telekom mitzuerleben. Gefreut habe ich mich auch über die Zusage von Hagen Rickmann für ein Interview in diesem Buch. Hier findet Ihr auch noch einige konkrete Anfasser.

4.1.2.1 Interview mit Hagen Rickmann, Geschäftsführer Geschäftskunden der Deutschen Telekom AG

Hagen Rickmann, Geschäftsführer Geschäftskunden der Deutschen Telekom AG

Wie erleben Sie persönlich Komplexität?
Komplexität ergibt sich durch die enorme technische Entwicklung, die sich im Software-, Hardware- und Digitalisierungsumfeld gerade entfaltet. Neue Technologien, neue Möglichkeiten, insbesondere durch schnelleren Speicher, durch bessere Prozessoren, dadurch günstigere Preise, daraus resultierend neue Geschäftsmodelle erzeugen zum einen viele Möglichkeiten, aber auch eine unendliche Komplexität, auf die wir heute nicht vorbereitet sind. Warum? Wir kommen aus einem alten Modell, in das wir investiert haben und dann waren diese Investitionen auch langfristig gültig. Jetzt haben wir eine Zeit, wo durch neue

Technologien alte Business-Vorgehensweisen komplett disruptiert werden. Wir erleben einen Quantensprung in der Innovation und das breitet sich in allen Branchen aus. Das sehen wir u. a. im Verlagswesen, wo dieser brutal eingeschlagen hat, aber auch beispielsweise im Versandhandel. Und es zieht sich jetzt immer weiter. Man spricht heute von der VUCA World, von Velocity (Volatiliät), Uncertainty (Unsicherheit), Complexity (Komplexität) und Ambiguity (Mehrdeutigkeit). Es gibt unendlich viele Möglichkeiten, ein Problem zu lösen. Dabei stellen sich auch die Fragen nach Nachhaltigkeit und Skalierung. Einkaufsverhalten ändert sich, Loyalitätsverhalten ändert sich. Beständigkeit und Planbarkeit sind nicht mehr so, wie wir es kannten. Man muss jetzt schnell sein. Man braucht zwar noch Pläne, aber man muss immer seinen Plan B in der Tasche haben. Es ist heute unfassbar schwer, den richtigen Weg zu finden.

Welche Rezepte zum Umgang mit Komplexität haben Sie?
Wir bei der Deutschen Telekom haben eine gute Mischung aus alten und neuen Arbeitsweisen. Es gibt nicht nur das Neue und man sollte das Alte auch auf keinen Fall verteufeln. Früher war bei uns die Wasserfallmethode weit verbreitet, mittlerweile sind es auch agile Arbeitsmethoden mit Scrum, in „Tribes" and „Chapters". Damit erreichen wir mehr Ende-zu-Ende-Verantwortung in Teilprojekten, mit denen wir klare Ziele für den Kunden ableiten und in kleineren Teams entsprechende Aktivitäten durchführen. Das passt für einige Themen, aber nicht für alle. Und da kommt es auf eine gute Mischung zwischen Altwelt und Neuwelt an. Wir haben in der Altwelt noch große Datenmengen und Massenverarbeitung zu bewältigen und das wird vorerst so auch noch weiterlaufen. Und zusätzlich arbeiten wir an innovativen Themen für Kunden, z. B. an „Digital Touchpoints", um entsprechende Projekte aufzusetzen, die dann deutlich agiler, mit mehr Verantwortung für die Teams und mit Methoden wie Scrum organisiert werden. Auch die agilen Frameworks definieren wir für bestimmte wichtige kundenorientierte Themen in sog. „Canvasses" und bauen dann Teams mit geeigneten Kolleginnen und Kollegen aus der Linie für eine bestimmte Zeit auf. Diese Teams arbeiten in Sprints und erzeugen damit in Teilprozessen kurzfristige Verbesserungen für die Kunden.

Was waren für Sie die Erfolgsfaktoren für die Transformation zu Selbstorganisation und Agilität?
Grundvoraussetzung ist, dass wir sowohl die alte durchorganisierte Welt wie auch die neue dynamische Welt gleichermaßen wertschätzen. Es gibt nicht die alte böse Welt und die neue schöne Welt. Sonst würde jeder in der neuen Welt arbeiten wollen und das wäre überhaupt nicht sinnvoll. Einige Menschen aus der alten Welt haben sich in die neue Welt bewegt und gleichzeitig haben wir in der alten Welt einige Renovierungen vorgenommen. In der neuen Welt brauchen wir übrigens auch klare Rahmen. Hierarchiefrei ist das nicht, es ist aber hierarchieloser und stärker inhaltsgeprägt. Die Menschen arbeiten oft in beiden Welten eng zusammen, damit werden die Vorteile des Arbeitens in der alten und in der neuen Welt immer wieder herausgestellt. So wächst das Verständnis füreinander. In der Altwelt gibt es beispielsweise Limitationen, die nicht so schnell geändert werden können

wie bestehende CRM-Systeme, Administrationssysteme etc. Bei unseren Führungskräften ist die Beidhändigkeit, d. h. die Fähigkeit in der alten und neuen Welt führen zu können, in den obersten 3 Hierarchieebenen stark ausgeprägt.

Was waren Ihre größten Überraschungen?

Es gibt ein großes Gerücht, welches überhaupt nicht wahr ist. Es stimmt nicht, dass unsere Beamten langsam und weniger veränderungsbereit sind als unsere Angestellten. Das hat mich überrascht. Wir haben fantastische Beamte und wir haben fantastische Angestellte und es gibt auf beiden Seiten auch weniger fantastische Mitarbeiter. Auch hat mich überrascht, wie viel Begeisterung aufkommt, wenn wir agile Arbeitsweisen und mehr Freiheit zulassen und gleichzeitig klar sagen, was wir als Ergebnis erwarten. Ich hätte mit dieser enormen Energiefreisetzung unserer Kolleginnen und Kollegen nicht gerechnet. Weiterhin war der Energiegewinn durch unsere Purpose-Orientierung phänomenal. Wenn der Sinn und die erforderlichen Schritte deutlich werden und die Menschen spüren, dass durch ihre Arbeit wirklich etwas herauskommt, entsteht eine große Energie. Ein weiteres Beispiel für Überraschung ist die Resonanz auf unser Programm „Empower your body, empower your brain", das ich mit meinen Führungskräften vor 4 Jahren gestartet habe. Unser Ziel war dabei, dass wir einmal in der Woche gemeinsam Sport treiben. Das ziehen wir mit Unterstützung eines Trainers bis heute durch – und immer draußen. Jeder macht im Rahmen seiner Möglichkeiten mit, einige laufen, einige walken und andere gehen auf das Ergometer. Das hat zu einem noch stärkeren Zusammenschweißen des Teams geführt. Das Prinzip dabei ist, dass wir erst etwas für uns machen und danach in eine gute Business-Kommunikation starten. Nach dem Sport nutzen wir hier unsere Duschen, frühstücken gemeinsam gesund und gehen dann in unsere Gespräche über Kunden und Verbesserungsmöglichkeiten. Damit wurde unfassbar viel Energie und ein wahnsinniger Zusammenhalt erzeugt.

Wie können Sie den Nutzen der Transformation messen?

Der Weg in Richtung Agilität und Selbstorganisation hat sich für uns wirklich gelohnt. Wir messen das beispielsweise in Mitarbeiterzufriedenheit, Kundenzufriedenheit und schließlich auch indirekt im wirtschaftlichen Ergebnis. Unsere Kunden spüren mehr Optimismus in der Zusammenarbeit. Mitarbeiter- und Kundenbefragungen zeigen, dass wir uns fantastisch nach vorne bewegt haben. Das wäre ohne die Veränderungen nicht möglich gewesen.

4.1.3   Mit Claus Friedrichs von sepago beim Leadership Lab Sylt

Sepago, Köln

Kommen wir nun zu 3 kleineren Unternehmen in der Liga von ca. 100 Köpfen, und zwar sepago aus Köln, orderbase aus Münster und movingimage aus Berlin. Alle drei haben bei mir einen nachhaltigen Eindruck bzgl. ihrer agilen Unternehmenskultur hinterlassen.

Beginnen möchte ich mit sepago, deren Führungskräfte mir aus der Great Place to Work® Community vertraut sind. sepago wurde im Jahr 2015 als bester Arbeitgeber Deutschlands ausgezeichnet. Gemeinsam mit einigen anderen Unternehmen bekamen sepago und noventum den Great Place to Work® Botschafter-Status. In dieser Rolle tragen wir unsere Empfehlungen zur Etablierung einer vertrauensbasierten Unternehmenskultur missionarisch in die Welt. Mit sepagos Geschäftsführer Claus Friedrichs hat sich eine freundschaftliche Beziehung aufgebaut, was unter anderem dazu geführt hat, dass er mehrfach ein sehr engagierter Teilnehmer unseres Leadership Lab Sylt wurde, welches wir jährlich im Frühling auf der schönen Insel durchführen. Gern erinnere ich mich an den Barcamp-Auftritt von Claus, als er den anderen Teilnehmenden in gleichzeitig unterhaltsamer, verständlicher und authentischer Weise verdeutlichte, wie Selbstorganisation gelingt.

Einige Führungskräfte von sepago und noventum haben sich schon mehrfach zu sehr intensivem Austausch verabredet. Dabei ging es um jeweilige Gehaltstrukturen, Strategieentwicklung, Personalentwicklung, Managementsysteme u. v. m., was in großer Offenheit und Intensität besprochen wurde. Das ist unter Geschäftspartnern, die mit stark überlappenden Leistungsangeboten in ähnlichen Märkten unterwegs sind, sicher außergewöhnlich, zeigt aber auch die lernbegierige Haltung beider Unternehmen.

4.1.3.1 Interview mit Claus Friedrichs, Geschäftsführer der sepago GmbH

Claus Friedrichs, Geschäftsführer der sepago GmbH

Wie erlebst Du persönlich Komplexität?
Für mich ist es ein ambivalentes Verhältnis mit einem deutlichen Touch ins Positive. Negativ, weil es kräftezehrend ist. Positiv, weil die zunehmende Komplexität für mich auch immer bedeutet, neue Chancen zu sehen. Komplexität beinhaltet eben auch immer Chancen, Dich weiterzuentwickeln und zu wachsen.

Welche Rezepte zum Umgang mit Komplexität hast Du?
In einem komplexeren Business müssen erst einmal Zuständigkeiten geklärt werden und die Dinge soweit wie möglich entzerrt werden. Darüber hinaus haben wir Management-instrumente installiert und integriert. Besonders wichtig war an dieser Stelle WRIKE als Lösung für Projekt- und Aufgabenmanagement. Wir versuchen, vieles in komplexen Strukturen zu digitalisieren und zu automatisieren, besonders da, wo wir wiederkehrende Strukturen erkennen. Selbstorganisation heißt bei uns, dass wir die komplexeren Aufgaben in die richtigen Teams kanalisieren. Dort wird dann oft mit Scrum gearbeitet. Wir haben auch gelernt, die Dinge vernünftig zu strukturieren, um Ordnung zu schaffen. Ja, Ordnung dort hereinzubekommen, wo es eben geht, halte ich für ausgesprochen wichtig. Innerhalb der Ordnung können sich die Dinge dann in den Verantwortungsbereichen selbstorganisiert entwickeln.

Was bedeutet Selbstorganisation für Dich?
Selbstorganisation ist ein wichtiges Instrument, um Komplexität zu bewältigen. Neben den oben erwähnten Werkzeugen zur Strukturierung und Skalierung wie WRIKE und Scrum ist Selbstorganisation vor allem ein kulturelles Thema. Es ist eine Herausforderung, dass im Unternehmen möglichst viele Mitarbeiter den frei werdenden Raum kreativ und eigenverantwortlich nutzen, statt auf Anweisungen zu warten. Das Management wiederum muss lernen, zu vertrauen und loszulassen.

Was waren für Dich die Erfolgsfaktoren für die Transformation zu Selbstorganisation und Agilität?
Wir sind gestartet mit 4 Menschen im Jahre 2002 und sind dann langsam und organisch gewachsen. Mit diesem Wachstum sind die Zuständigkeiten für die Bereiche in klassischen Strukturen. Im Jahr 2016 stellte sich dann die Frage, ob wir eine weitere Managementebene einziehen, die klassische Organisation perfektionieren oder eher in Richtung Selbstorganisation gehen wollen. Wir haben uns dann von der Beratungsgesellschaft &samhoud bei dieser Frage beraten und schließlich auf dem Weg in Richtung Selbstorganisation begleiten lassen. Die Begleitung war einer der Kernerfolgsfaktoren. Der Blick von außen auf unser Unternehmen hat uns sehr geholfen. Im Identitätsprozess haben wir unsere Ziele, Kernwerte und Kernkompetenzen mit Einbeziehung der gesamten Belegschaft erarbeitet. Dabei haben wir uns bewusst gewagte Ziele (audacious goals) als Nordstern gesetzt, an denen sich unsere ganze Organisation dann ausrichten kann. Das Wichtigste bei der Selbstorganisation ist die Klarheit und die Transparenz darüber, wo wir hinwollen. Damals formulierten wir zum Beispiel „Making people Love IT". Wenn ich es heute nochmal formulieren sollte, würde ich sicher noch konkreter und anfassbarer sein als damals. Die Zielformulierung leistet auf jeden Fall ihre Dienste und ist das Dach unseres Strategiehauses. In unserem Strategiehaus gibt es dann noch die Etagen Kunde, Partner, Mitarbeiter, Prozesse, Strukturen und Finanzen. Alle Etagen helfen, nur wenn jede Etage sich auf das gemeinsame Ziel ausrichtet, kann sich unser Unternehmen auch in Richtung der Ziele entwickeln. Damit das tatsächlich funktioniert, brauchen wir ein Managementsystem und eine Begleitung, z. B. durch den Scrum Master, der die jeweiligen Teams begleitet. Ohne diesen Befähiger geht es überhaupt gar nicht. Backlogs, Sprints, Stand-ups, Reviews, Retros und Plannings sind heute unser tägliches Brot und machen die gemeinsame Arbeit transparent. Dabei arbeiten die Teams jeweils in ihrem eigenen Takt und an ihren eigenen Themen, ausgerichtet auf ein gemeinsames Ziel.

Zutat: Management von Vertrauenskultur
Für mich ist Vertrauenskultur für Selbstorganisation unabdingbar. Das ist für mich auch stark mit Fehlerkultur verbunden. Ob man jetzt unbedingt ein externes Audit und Benchmarking braucht, da würde ich mich jetzt nicht mehr so sehr festlegen.

Zutat: Schneiden von Verantwortungsbereichen
Die Klärung der Rahmenbedingungen von Selbstorganisation ist für mich das absolute Muss. Wenn ich Selbstorganisation will, muss ich auch sagen, in welchem Rahmen die Menschen selbst entscheiden und selbst organisieren dürfen.

Zutat: Definieren von Entscheidungsprozessen
Ich würde nicht sagen, dass wir einen klassischen Entscheidungsprozess haben. Es gibt einzelne Umgebungen oder Entscheidungsmomente, wo wir nach dem Konsentverfahren entsprechend der Soziokratie verfahren. In anderen Situationen und Bereichen gehen die Verantwortlichen in den Austausch, wenn sie merken, dass etwas schwierig wird und dass

sie kein gutes Gefühl haben mit dem, was passiert. Das ist meist nicht so stark prozess-
getrieben. Man geht eher situativ in das nächste Büro zum kollegialen Austausch oder in
die nächste Führungsebene. Wenn man dann nicht zu einem Ergebnis kommt, wird die
Bereichsleitung und Geschäftsführung eingebunden, die aber häufig auch nicht der Weis-
heit letzter Schluss ist, sondern eine moderierende Rolle übernimmt. Gemeinsam versuchen wir Klarheit und so etwas wie Sicherheit herzustellen.

Zutat: Agile Unternehmensführung
Ohne den Einsatz agiler Methoden wüsste ich nicht, wie in immer komplexeren Um-
gebungen zukünftig schnelle Entscheidungen getroffen werden können. Bei dem enormen
Durchsatz und der Menge an verschiedenen Themen, müssen wir die Dinge in einzelnen
Sprints bearbeiten und brauchen dazu ein geeignetes Instrumentarium zur strukturierten
Bearbeitung. WRIKE ist dabei ein Framework zur Skalierung, mit dem ich für jedes Team
entsprechende Spaces aufbauen kann. Dadurch arbeiten wir mit großer Transparenz und
gleicher Methodik in den Teams. Es kommt auch vor, dass wir gemeinsam mit Kunden in
diesen Sprints an konkreten Projekten arbeiten.

Zutat: Objectives und Key Results
Ich halte die Methode von Objectives und Key Results für sehr interessant. Nach meinem
Verständnis verbindet sie die Unternehmensziele mit den individuellen Zielen, bildet die
Unternehmensstrategie ab und macht sie messbar. Bisher hatten für uns jedoch andere
Themen eine noch höhere Priorität. Wir haben Metriken für unsere Ziele gefunden, die wir
in unseren User Stories definieren und überprüfen. Dies könnte man zukünftig sicher noch
besser in OKR-Manier abbilden.

Zutat: Leitbild
Eine Definition der Ziele ist absolut wichtig. Wenn ich einfach nur die Rahmenbedingungen
für die Teams festlege und jeder macht dann irgendetwas, gibt es 1001 Bilder für das, was
dann passieren soll. Der Karren steckt dann bald im Dreck, die einen ziehen nach vorn, die
anderen ziehen nach hinten und alles bleibt stehen. Es muss also eine gemeinsame Ausrichtung geben, einen Nordstern, der bei der Orientierung hilft. Um die Orientierung nicht
zu verlieren, brauchen wir natürlich noch kleinere Ziele auf Tages-, Wochen- und Monats-
basis, die klar kommuniziert sein müssen. Wir haben im engen Sinne kein Leitbild, aber
wir haben eine Unternehmensvision mit Zielen abgebildet und das ist unsere Ausrichtung.
Ob wir das Leitbild nennen oder nicht, ist dabei absolut unwichtig. Entscheidend ist, dass
Energie nicht in alle möglichen Richtungen geht und sich im schlimmsten Fall gegenseitig
neutralisiert, sondern dass sie gebündelt wird. Das ist im Unternehmen wie in der Physik.

Zutat: Transparenz und Kommunikation
Transparenz und Kommunikation sind ja „no-brainer". Natürlich ist beides sehr wichtig.
Wir haben alle möglichen Instrumente, insbesondere auch die Zahlen, um Transparenz
herzustellen. Wirklich transparent wird es jedoch erst, wenn die Kommunikation gelingt.

Wenn Dinge schief gehen, ist meist zuvor die Kommunikation schief gegangen. Klare und empfängergerechte Kommunikation ist notwendig. Auch ist es notwendig, auf Nachfragen zu achten, insbesondere auf die, die nicht öffentlich verbalisiert werden. Wir müssen bessere Kommunikation erreichen. Nicht ein einfaches Mehr an Kommunikation ist die Lösung, sondern die Klarheit, die Kommunikationsfähigkeit und damit die Qualität der Kommunikation auf allen Ebenen.

Zutat: Rollen und Titel
Tony Hsieh, der ehemalige CEO von Zappos, hat gesagt „Wer einen Titel braucht, soll ihn sich einfach auf seine Visitenkarten drucken" (lacht). Das mit den Titeln ist ein echtes Dilemma und bei uns noch nicht so elegant gelöst wie bei Zappos. Unsere Vision ist es allerdings, dass wir mit so wenig Titeln wie möglich auskommen und doch ist es schwierig. Bei uns arbeiten alle möglichen Menschen und da wo Menschen sind, spielt auch Status manchmal eine große Rolle. Es gilt sicherlich, einen Kompromiss zu finden. Manchmal verlieren wir Menschen, die sich sehr stark nach außen orientieren und die einen Titel suchen, den sie für den nächsten Karriereschritt außerhalb des Unternehmens benötigen. Das gehört noch zu den ungelösten Herausforderungen.

Was sind Dos und Don'ts bei der Entwicklung hin zu Selbstorganisation?
Ich glaube, man sollte es nicht unterschätzen, wie lange die Transformation dauert. Das ist nicht mal eben so in 6 Monaten erledigt. Die Vorstellung, ich muss das nur beschreiben und muss das nur klarmachen und dann läuft das, ist ein Irrglaube. Auf jeden Fall lohnt es sich zu verstehen, dass es ein langwieriger Prozess ist. Man braucht Positionen im Unternehmen, die sich kontinuierlich um den Prozess kümmern und ihn am Laufen halten. Der Takt, der das steuert, ist superwichtig.

Was waren Deine größten Überraschungen?
Die größte Überraschung war die Dauer des Transformationsprozesses. Wenn mir am Anfang des Prozesses jemand gesagt hätte, dass es so lange dauert, hätte ich die Veränderung wahrscheinlich nicht gestartet. Damals hatte ich allerdings auch noch keine Vorstellung von den vielfältigen Vorteilen. Und mich hat die Polarisation in der Belegschaft überrascht. Es gibt Menschen, die die Entfaltung in einer Selbstorganisation schätzen und andere, die nach Führung im klassischen Sinne verlangen.

Wie kannst Du den Nutzen der Transformation messen?
Eine wichtige Erfolgsmessung ist sicher die Mitarbeiterzufriedenheit, die uns das Great Place to Work® Institut bescheinigt hat. Ich glaube schon, dass wir das gut hinbekommen haben und dass die Menschen bei uns zufriedener und insgesamt glücklicher geworden sind. Vielleicht bin ich selbst jetzt auch glücklicher.

4.1.4   Bei movingimage an der Spree im Tech-Hotspot von Berlin

movingimage, Berlin

Als vor einigen Jahren die Entscheidung getroffen wurde, agile Methoden bei noventum einzuführen, kam schnell die Idee hoch, ein wirklich „durchagilisiertes" Unternehmen zu analysieren. Gefunden haben wir als Referenz das Unternehmen movingimage im Tech-Hotspot an der Spree in Berlin. movingimage ist ein führender Anbieter von Enterprise-Videomanagement-Lösungen. Treiber der Agilisierung bei movingimage war der Mitgründer Erdal Ahlatci, der gerne bereit war, eine neugierige Reisegruppe aus Münster zu empfangen. So machten wir uns mit 4 Studierenden der FH und 4 erfahrenen novis auf den Weg nach Berlin, um ein eingeschwungenes agiles Unternehmen zu erleben. Schon die hellen und offenen Büroräume strahlten Agilität, Transparenz und Freude aus. Überall waren Artefakte der Unternehmensvision und -philosophie zu sehen und die Wände hingen voll mit Kanban Boards, die offensichtlich ein lebendiges Abbild der aktuellen Projekte waren. Nach einer herzlichen Begrüßung und einer ersten kleinen Führung fanden wir uns dann mit einem der agilen Coaches von movingimage im größten Besprechungsraum des Unternehmens, im sog. Aquarium, einem rundum verglasten Raum, ein.

Hier wurde uns in aller Ausführlichkeit das hauseigene agile Framework „mia" erläutert. Der Clou von mia ist, dass alle Unternehmensbereiche incl. der administrativen Funktionen im Gleichschritt sprinten und so intelligent miteinander verzahnt sind. Hierzu wurden bei movingimage Strukturen und Prozesse geschaffen, die mit hoher Konsequenz gelebt werden und die in einem recht eingängigen öffentlichen YouTube-Video nachzuvollziehen sind. Zwischen dem Gründer Erdal Ahlatci und mir hat sich in der Folge eine Geschäftsfreundschaft entwickelt, die u. a. dazu geführt hat, dass Erdal die Teilnehmenden unseres jährlich stattfindenden Business Unusual Forums auch für sein mia-Framework begeistern konnte. Ich bin froh, dass ich nun auch in diesem Buch Erdal Ahlatci eine

Bühne geben kann, um seine Sicht auf den Umgang mit Komplexität und auf agile Unternehmensführung zu teilen.

Das Unternehmen movingimage hat dank der Anwendung seines agilen Frameworks seine Innovationskraft gestärkt, seine Geschwindigkeit erhöht und ein signifikantes und profitables internationales Wachstum hingelegt. Erdal hat kürzlich seine Tätigkeit bei movingimage beendet und mit einigen Vertrauten ein neues Start-up gegründet.

4.1.4.1 Interview mit Erdal Ahlatci, ehemaliger Geschäftsführer der movingimage EVP GmbH

Erdal Ahlatci, ehem. Geschäftsführer der movingimage EVP GmbH

Wie erlebst Du persönlich Komplexität?
Komplexität ist, wenn irgendetwas nicht mehr durchschaubar ist, nicht mehr kontrollierbar ist und wenn es einen ohnmächtig macht. Keiner hat einen Plan, weil es keine Erfahrungen gibt. In den letzten Jahren bei movingimage habe ich aber Komplexität als eher positiv wahrgenommen, weil wir unsere Arbeitsweise entsprechend angepasst haben. Davor habe ich mich eher ohnmächtig gefühlt und hatte schlaflose Nächte. Bevor ich agil gearbeitet habe, war es einfach zu viel.

Welche Rezepte zum Umgang mit Komplexität hast Du?
Agile Methoden funktionieren nur bei komplexen Themen. Agilität ist schon eine Lösung, man muss die Anwendung agiler Methoden jedoch auch beherrschen. Komplexität muss man mit Komplexität begegnen. Der größte Fehler ist, Komplexität mit einfachen Mitteln zu „bekämpfen". Banalisierung ist fatal. Wir bei movingimage haben viel in Inkrementen geplant und erst einmal losgelegt. Je größer die Komplexität war, desto kürzer waren unsere Sprints bis runter zu einer Woche Sprintlänge. Um Komplexität zu begegnen, ist ein diverses Team sehr wichtig. Und sehr viel Vertrauen ist wichtig. Dabei hilft es, die Verantwortung auf mehrere Köpfe zu verteilen. Damit fühlt sich niemand allein. Entscheidungen wurden oft im Dreieck „Product Owner", „Agile Coach" und „Technical

Lead" getroffen und wurden bei Unsicherheit auch noch mit der Geschäftsführung reflektiert.

Was bedeutet Selbstorganisation für Dich?
Das ist für mich sehr relevant und ein Grundpfeiler der Agilität. In einer selbstorganisierten Umgebung arbeiten alle Menschen so, als wäre es ihr eigenes Unternehmen. Bei Selbstorganisation sind Mitarbeiter mündig und die Vorgesetzten fördern ihre Mündigkeit. Ich brauche keine Krankmeldungen und keine Zeiterfassungen. Was sagt das aus? Höchstens, dass er physisch anwesend war, aber das bringt mir nichts. Ein guter agiler Coach muss sich überflüssig machen, ein guter Chef auch.

Was waren für Dich die Erfolgsfaktoren für die Transformation zu Selbstorganisation und Agilität?
Am Anfang war movingimage noch nicht agil. Die Softwareentwickler haben zwar nach Scrum gearbeitet, aber das Unternehmen war nicht agil. Dann haben wir aus der IT heraus einen „Review Day" mit Popcorn und Sekt für das Unternehmen gemacht und alle Geschäftsbereiche waren sehr überrascht, dass die Nerds aus der IT sich und ihre agilen Methoden so gut darstellen konnten. So kam die Idee auf, dies auf andere Geschäftsbereiche zu übertragen. Mit Hilfe eines agilen Coaches von außen haben wir dann alle Bereiche im Unternehmen bzgl. agiler Unternehmen geschult und ich habe parallel dafür gesorgt, dass wir eine geeignete Unternehmenskultur haben. Dazu haben wir einen Wertekreis entwickelt. Wir haben dann unser Organigramm auf den Kopf gestellt und unser agiles Framework mia entwickelt. Wir haben damals allerdings unseren Aufsichtsrat und unsere Gesellschafter unterschätzt. Damals waren sie an unserer agilen Kultur nicht interessiert und wir haben dies als Geschäftsführer ignoriert. Das würde ich heute anders machen und diese wichtigen Stakeholder frühzeitig integrieren.

Zutat: Management von Vertrauenskultur
Vertrauen ist das Wichtigste überhaupt. Ich wusste bei Beginn der Transformation, dass es auch viel Misstrauen gibt. Wir haben dann begonnen mit anonymen Feedback-Befragungen. Anfangs wurden diese überwiegend zum Dampfablassen genutzt, sehr bald wandelte sich dies aber hin zu einem konstruktiven Austausch. Eine hilfreiche vertrauensbildende Maßnahme war auch, dass wir als Geschäftsführung jeden Donnerstag mit anderen Mitarbeitern essen gegangen sind und nur über Privates gesprochen haben. So haben unsere Mitarbeiter uns als Menschen kennengelernt. Zusätzlich haben wir später 360° Feedback eingeführt. Wir haben auch das „Food Carousel" eingeführt, bei dem jeden Monat 8 Personen ausgelost wurden, die miteinander essen gehen. Offenheit war uns sehr wichtig. Ich habe immer eine offene Tür und das anonyme Stimmungsbarometer wurde von den Mitarbeitern abgewählt. Schließlich gab es ja die Retros, die in großer Offenheit durchgeführt wurden.

Zutat: Schneiden von Verantwortungsbereichen

Wir haben anfangs die Verantwortungsbereiche überschaubar gehalten und nicht zu große definiert. In diesem Zusammenhang haben wir auch unsere Gehaltsstruktur überarbeitet und 4 Impact-Faktoren zur Grundlage gemacht: „Team Impact", „Company Impact", „Expert" und „Technical Lead". In allen Bereichen konnten die Menschen ein attraktives Gehaltsniveau erreichen, ohne dass sie Verantwortung für Dinge übernehmen müssen, bei der sie keine Leidenschaft haben. Es musste also nicht jemand möglichst viele Mitarbeiter führen, um ein attraktives Gehalt zu bekommen.

Zutat: Definieren von Entscheidungsprozessen

Wir haben grundsätzlich mit dem Konsentprinzip gearbeitet. Wir haben nach dem Grundsatz gearbeitet, dass wir dem Verantwortlichen vertrauen, sofern er vorher die Meinung der anderen eingeholt hat.

Zutat: Agile Unternehmensführung

Bei uns wurden alle Bereiche agil und im gleichen Takt geführt – bis hin zur Buchhaltung, jedoch nicht jeder Bereich arbeitete nach Scrum. Die gemeinsame Sprintlänge betrug 2 Wochen und am Ende jedes Sprints gab es ein Joint Review, bei dem viel Transparenz und große Wertschätzung füreinander entstand. Das Leadership-Team rund um die Geschäftsführung hatte dabei ebenso ein agiles Kanban Board wie die Buchhaltung, Sales, HR und andere. Alle Mitarbeiter konnten dabei die Boards einsehen und hatten daher die volle Transparenz, was im Unternehmen passiert.

Zutat: Objectives und Key Results

Wir haben dies ausprobiert. Wir hatten durch unsere agile Planung jedoch schon die wesentlichen Steuerungseffekte erreicht und brauchten dann kein weiteres Steuerungssystem. Für unsere strategische Steuerung war unsere Vision und Mission uns allen sehr deutlich und hing sichtbar aus. Darauf nahmen wir bei den Reviews und Plannings immer wieder Bezug. Sinnorientierung war uns extrem wichtig.

Zutat: Leitbild

Erst mal hatten wir unsere Vision „alle Enterprise Unternehmen mit unserem Produkt zu erreichen" und unsere Mission „alle Applikationen per API für Video zu enablen" sowie unsere Werte allgegenwärtig gemacht. Verantwortlich dafür war das Team „People and Agility" – zusammengesetzt aus HR, Agile Coaches und Office Managern.

Zutat: Transparenz und Kommunikation

Außer den Gehältern war alles offen. Gehälter offen zu legen, passt wohl nicht zu der deutschen Kultur. Das muss man respektieren und ist nicht notwendig. Gehaltsstrukturen haben wir schon verdeutlicht.

Zutat: Rollen und Titel

Wir haben die Titel und Gehälter völlig entkoppelt. Die Menschen bei uns durften sich aussuchen, welchen Titel sie sich bei LinkedIn geben. Wer sich bei uns gehaltlich weiterentwickeln wollte, musste nicht eine Führungsaufgabe übernehmen. Wir haben wie oben gesagt auch andere attraktive Karrierepfade. Wir haben erlebt, dass wenn die Menschen das Gefühl haben, dass sie ein faires Gehalt bekommen, ihnen der Titel gar nicht mehr so wichtig ist. Und mir ist das völlig egal. Wer sich im LinkedIn auffällige Titel gab, um sich abwerben zu lassen, der konnte das gerne tun. Er passte dann auch nicht zu uns.

Was sind Dos und Don'ts bei der Entwicklung hin zu Selbstorganisation?

Wenn Vertrauen da ist, gibt es praktisch keine Don'ts. Das Einzige, was mir wichtig war, dass selbstorganisierte Teams den Scrum Master nicht als Team Lead sehen, sondern dass der Scrum Master wirklich als Coach agiert und sich weitgehend überflüssig macht.

Was waren Deine größten Überraschungen?

Mich hat am meisten beeindruckt, dass die Menschen selbstorganisiert tatsächlich Verantwortung übernehmen wollten und konnten. Ganz praktisch zeigte sich das auch darin, dass ich als Geschäftsführer 3 Wochen Urlaub machen konnte, ohne dass ich Anrufe bekommen habe. Klar gab es während meines Urlaubs auch Probleme, aber für die Teams war es eine Selbstverständlichkeit, diese selbstständig zu lösen.

Wie kannst Du den Nutzen der Transformation messen?

Was man sofort sehen kann ist, dass unsere Innovationskraft deutlich gestiegen war. Wir haben Produkte herausgebracht, von denen wir früher nur geträumt haben. Und wir haben gelernt, auf Veränderungen schnell und erfolgreich zu reagieren. Im Übrigen gaben uns die Zahlen auch recht. Wir haben mehr erreicht und dabei auch noch Spaß und Übersichtlichkeit gehabt.

4.1.5 Auf dem coworking campus von orderbase

orderbase coworking campus, Münster

Robert Holtstiege, den Gründer von orderbase, kenne ich schon seit 2005. Damals beschäftigte er gerade einmal 15 Mitarbeitende, war aber hoch motiviert, schnell zu wachsen und dabei Mitarbeitendenorientierung, Kundenorientierung und Innovationsfreude gleichermaßen mitwachsen zu lassen. Das Wachstum ist ihm in jeder Hinsicht sehr gut gelungen. Heute beschäftigt orderbase mehr als 80 Mitarbeitende und hat im Norden von Münster den orderbase campus mit modernen Bürogebäuden und einer Fläche von knapp 10.000 qm incl. dem inspirierenden M44 Meeting Center und der Space[ ]Bar errichtet. Gemeinsam mit seiner Frau Afra entwickelte Robert im Jahr 2011 die Idee des TeamPlayer-Projektes, bei dem jeder Mitarbeitende darin bestärkt wird, sich sozial in seinem Wunschprojekt zu engagieren. Das Unternehmen orderbase stellt dafür ein festes Budget für jeden Mitarbeitenden zur Verfügung.

Gemeinsam mit Robert Holtstiege und weiteren 5 sozial engagierten Geschäftsfreunden aus der Region haben wir den Verein MITWIRKEN Münster e. V. gegründet, dessen Zweck es ist, die Zeit von Mitarbeitenden in Unternehmen mit dem Bedarf an ehrenamtlicher Tätigkeit von sozialen Einrichtungen zusammenzubringen. Der Marktplatz dieses Corporate Volunteering findet regelmäßig im M44 auf dem orderbase campus statt.

Bei all dem Engagement für seine Mitarbeitenden ist es keine Überraschung, dass orderbase auch bei den jährlichen Wettbewerben der besten Arbeitgeber Deutschlands immer ganz oben dabei ist. Auch in puncto agile Unternehmensführung habe ich bei Robert und orderbase einige wichtige Impulse erhalten. Im vergangenen Jahr hatte er im Rahmen eines Unternehmertreffs im orderbase campus „Himmel und Hölle der agilen Welt" präsentiert und dabei Aspekte der Aufbauorganisation, der Prozessgestaltung, des Führungsverhaltens und der Missionsorientierung anschaulich verdeutlicht. All das war für mich Motivation genug, Robert als externen Inspirator zum Leadership Lab im vergangenen Jahr nach Sylt einzuladen und ihm einen Platz in diesem Buch zu geben.

4.1.5.1 Interview mit Robert Holtstiege, Geschäftsführer der orderbase consulting GmbH

Robert Holtstiege, Geschäftsführer der orderbase consultiung GmbH

Wie erlebst Du persönlich Komplexität?
Das ist eine Herausforderung mit Chancen und Risiken. Wenn du einen Plan hast, hast du schon den ersten Fehler gemacht. Wir haben es schließlich mit Menschen zu tun.

Welche Rezepte zum Umgang mit Komplexität hast Du?
Du brauchst schon eine grobe Richtung bestehend aus Werten und Prinzipien, auf denen dann die Praktiken aufbauen. Unsere Grundwerte sind Vertrauen, Respekt, Toleranz und Authentizität. Wenn du dies einmal verinnerlicht hast, kannst du die Prinzipien auf die Passung zu den Werten überprüfen. Und aus den Prinzipien kannst du die Praktiken für jede konkrete Situation ableiten.

Was bedeutet Selbstorganisation für Dich?
Zuallererst musst du deine Ziele kennen. Ich habe da sehr viel von dem Managementguru Stephen R. Covey gelernt. Vertrauen, Konsequenz und Vorbild sind sehr wichtig. Du musst konsequent mit eigenen To-do-Listen umgehen. Dabei ist die Sicht von innen nach außen

entscheidend. Ich muss mich erst einmal selbst organisieren und mich dann um die Organisation meines Teams kümmern.

Was waren für Dich die Erfolgsfaktoren für die Transformation zu Selbstorganisation und Agilität?

Als wir noch weniger als 15 Mitarbeiter waren, wusste jeder genau, was der andere kann und wir brauchten keine Strukturen. Mit dem Wachstum mussten wir uns klarer organisieren, wollten aber keine tiefe hierarchische Struktur. So haben wir dann eine Matrixorganisation etabliert, die wir danach in eine agile Teamorganisation überführt haben.

Zutat: Management von Vertrauenskultur

Vertrauen ist der absolute Grundwert. Du musst es immer wieder vorleben und beweisen. Dabei wirst du auch von Zeit zu Zeit enttäuscht, aber das ist kein Grund, 9 von 10 Personen, denen ich vertrauen kann, das Vertrauen zu entziehen. Für mich ist ein schönes Zitat: „Vertraue deinen Mitarbeitern und wenn du dies nicht kannst, arbeite nicht mit ihnen zusammen."

Zutat: Schneiden von Verantwortungsbereichen

Wir stärken Stärken und bündeln unsere Teams so, dass sich die Kompetenzen im Team gut ergänzen. In dem Sinne haben wir Beratungsbereiche, den Vertriebsbereich, Entwicklungsbereiche etc. etabliert.

Zutat: Definieren von Entscheidungsprozessen

Entscheidungsverantwortung haben wir in die Teams gegeben. In jedem Team ist auch ein Mitglied der Geschäftsleitung vertreten. Darüber hinaus arbeiten wir bei Entscheidungsbedarf mit „Ich-schlage-vor-Prinzip". Jeder, der eine Entscheidung zur Veränderung herbeiführen möchte, darf nicht nur auf Probleme hinweisen, sondern muss einen Lösungsvorschlag liefern. Teamleiter und die Geschäftsleitung reflektieren und überarbeiten ggf. diesen Vorschlag und haben auch quasi ein Vetorecht. Wenn kein Veto erfolgt, darf der Vorschlagende die Entscheidung treffen.

Zutat: Agile Unternehmensführung

Wir alle haben intensiv über unseren agilen Mindset diskutiert und ihn dann aus Überzeugung vereinbart. Bzgl. der Organisation haben wir die Teams entsprechend mit einer flachen Organisation gebildet. Die Geschäftsleitung ist dabei genauso ein Team wie die anderen. Das führt jedoch dazu, dass wir kaum klassische Karrierestufen anbieten können. Menschen, die sukzessive entlang der Hierarchieleiter aufsteigen wollen, um an Bedeutung zu gewinnen und mehr Geld zu verdienen, tun sich oft schwer damit.

Zutat: Objectives und Key Results

Es ist außerordentlich wichtig, dass aus einer Vision operative Ziele und Kennzahlen, die die Verantwortlichen verstehen, abgeleitet werden. Deshalb arbeiten wir hart an einem entsprechenden Zielsystem. Aber das ist eine anspruchsvolle Sache und wir sind schrittweise dabei. Teamleiter und Team haben messbare Ziele vereinbart, aber oft überlagert das Tagesgeschäft den Blick auf die Erreichung der strategischen Ziele.

Zutat: Leitbild
Ein Leitbild hatten wir schon lange, jedoch mit viel zu vielen Worten, mit viel zu viel Text und viel zu abstrakt. Wir mussten uns erst trauen, einiges offen und klar anzusprechen, z. B. die Erwartung an Gewinne, die Fokussierung auf technische Themen und die Ausrichtung auf spezielle Kundengruppen. Unsere Mission haben wir in vielen Gesprächen mit den Teams diskutiert und dabei ist dies den meisten sehr klar geworden.

Zutat: Transparenz und Kommunikation
Superwichtige Sachen, aber nicht jeder kann alles verdauen. Uns hilft in diesem Punkt auch unsere konsequente Duzkultur, womit wir viele Barrieren vermeiden. Kommunikation muss systematisch erfolgen und dabei ist Vertrauen die Grundvoraussetzung. Unsere Kommunikationsmechanismen gehen von Daily Stand-ups, wöchentlichen Planungen bis zu Feedback-Sitzungen und wir arbeiten mit „Echometer", dem Sammeln von monatlichem Feedback. Bzgl. Transparenz bin ich dafür, dass sie weitgehend ist. Allerdings bei dem Gehalt sehe ich das problematisch. Das passt nicht in die deutsche Neidkultur.

Zutat: Rollen und Titel
An Hierarchieebenen haben wir nicht viel anzubieten. Bei uns kannst du vom Teammitglied zum Teamleiter aufsteigen und vom Teamleiter zur Geschäftsleitung. Da das für einige als Karrierepfad nicht ausreicht, haben wir in den Teams individuelle inhaltliche Stufen definiert wie z. B. „Chef Entwickler" oder „Senior Berater". Und vielen ist es wichtig, dass es eine Bühne der Anerkennung bei dem Aufstieg in eine höhere inhaltliche Stufe gibt. Damit kann dann im Übrigen auch ein höheres Gehalt verbunden sein, was viele auch unter Karriereschritt verstehen.

Was sind Dos und Don'ts bei der Entwicklung hin zu Selbstorganisation?
Ohne Grundwerte wie Vertrauen, Respekt, Toleranz und Authentizität brauchst du erst gar nicht anzufangen, dich in Richtung einer agilen Organisation zu bewegen. Außerdem musst du als Hauptverantwortlicher deine Rolle deutlich in Richtung Dienstleister der Organisation entwickeln.

Was waren Deine größten Überraschungen?
Ich habe niemals erwartet, was für ein tolles Team wir werden und ich hätte nicht gedacht, dass ich so viel abgeben kann.

Wie kannst Du den Nutzen der Transformation messen?
Für mich hat nie gezählt, wie viel Geld wir verdienen. Wichtiger ist mir Selbstbestimmung und Unabhängigkeit. Ich möchte überwiegend Dinge tun, die ich mag und glaube, dass es

vielen genauso geht. Wir sind beständig auf einem guten Weg dorthin und daher hoffe ich, dass sich unser Weg mit vielen begeisterten Mitarbeitern in dieser Selbstbestimmung als Team fortsetzen lässt.

Heute haben schon viele ein Gefühl, nicht allein zu stehen, sich einbringen zu können und im Team gemeinsam Leistung zu bringen.

4.1.6   In der Vorstandsetage der Fiducia & GAD IT AG, dem IT-Dienstleister der genossenschaftlichen FinanzGruppe

Fiducia & GAD IT AG, Münster

Die Gesellschaft für automatische Datenverarbeitung, kurz GAD, war schon im letzten Jahrhundert einer der größten und anspruchsvollsten Kunden der noventum GmbH. Dort sind wir seit über 20 Jahren mit allen Geschäftsbereichen präsent, haben viele Reorganisationen miterlebt und manche Veränderung mitgestaltet. Eine besonders wichtige Organisationsänderung wurde dabei vor 5 Jahren im Rahmen der Fusion des süddeutschen IT-Dienstleisters für genossenschaftliche Banken Fiducia mit dem norddeutschen IT-Dienstleister für genossenschaftliche Banken GAD in die Wege geleitet. Beide Unternehmen hatten einen sehr ähnlichen Geschäftszweck, aber unterschiedliche Bankbasissysteme und deutlich unterschiedliche Unternehmenskulturen. Die neu entstandene Unternehmensgruppe mit einer Vielzahl von Tochterunternehmen sowie Beteiligungen beschäftigt aktuell ca. 7400 Mitarbeitende. Im ersten Schritt nach der Verschmelzung ging es zunächst darum, die Bankbasissysteme zu vereinheitlichen, denn darin bestand ein erheblicher Anteil der erwarteten Synergien und Einsparungen.

Die kulturelle Harmonisierung beider Häuser wurde zu einem späteren Zeitpunkt im Rahmen eines partizipativen Transformationsprojektes in Angriff genommen. Hierzu wurde eine Projektgruppe damit beauftragt, ein Organisationsmodell zu finden, das die

Kulturen beider ehemaligen Unternehmen zusammenführt und dabei von Kundennähe, Innovationskraft, Agilität und Mitarbeitendenorientierung geprägt ist. Ausgewählt wurde schließlich ein Modell, das in großen Teilen dem systemisch-integrativen Ansatz des Spiral-Dynamics-Modells entspricht. Wichtige Merkmale sind eine starke Kundenorientierung, ein hohes Maß an Verantwortungsübernahme und hohe Flexibilität bei sich rasch ändernden Umweltbedingungen. Die starre Hierarchiepyramide galt es dabei zugunsten kundenorientierter Strukturen zu ersetzen. So entstanden die 7 Rollen des neuen Zusammenarbeitsmodells, der „Expert", der „People Lead", der „Project Manager", der „Tribe Lead", der „Service- und Geschäftsfeld-Lead", der „Squad Owner" und der „Chapter Guide". Dabei hat sich die Fiducia & GAD IT AG an einem von dem Beratungsunternehmen Deloitte vorgeschlagenen Organisationsmodell orientiert. Der Vorstand als Zentrum der formalen Macht hat in diesem Modell weiter Bestand, fokussiert sich aber auf die politischen und strategischen Aufgaben eines Vorstands und vertraut sich weitgehend den operativen Bereichen an, sofern es aus Gesichtspunkten des Risikomanagements vertretbar ist.

Apropos Vorstand: Dieser ist bei der Transformation hin zum neuen Organisationsmodell offensichtlich die treibende Kraft, achtet aber immer darauf, dass alle richtungsweisenden Entscheidungen partizipativ und transparent erarbeitet werden. Der Chief HR Officer Jörg Staff führt dazu seit vielen Monaten im Netz das Logbuch der Transformation und beleuchtet dabei viele Aspekte. Ebenso nutzt der Vorstandssprecher Martin Beyer viele Möglichkeiten, die Chancen des neuen innovativen Zusammenarbeitsmodells im Unternehmen und darüber hinaus zu verdeutlichen. Mit ihm durfte ich das folgende Interview führen.

4.1.6.1 Interview mit Martin Beyer, Vorstandssprecher der Fiducia & GAD IT AG

Martin Beyer, Vorstandssprecher der Fiducia & GAD IT AG

Wie erleben Sie persönlich Komplexität?

Komplexität erlebe ich bei unseren Kunden aus der genossenschaftlichen Finanzgruppe, wenn hohe bzw. zu hohe individuelle funktionale Anforderungen, an die von uns zu entwickelnden Systeme gestellt werden. Das ist dann oft im Betrieb nicht mehr beherrschbar und fehleranfällig, wird hochkomplex in der Konfiguration der Lösungen und bringt Prozesse hervor, die alles andere als schlank sind.

Welche Rezepte zum Umgang mit Komplexität haben Sie?

Wenn ich auf unsere Dienstleistung für die genossenschaftlichen Banken schaue, liegt der Schlüssel im Umgang mit Komplexität für mich in der Vereinfachung, Fokussierung und Standardisierung. Selbstverständlich muss den hohen aufsichtsrechtlichen Anforderungen Rechnung getragen werden. Darüber hinaus geht es dann aber darum, die Dinge so einfach wie möglich zu gestalten, sich den Standards, die gemeinsam mit Pilotbanken entwickelt wurden, anzuschließen und immer wieder zu prüfen, ob der Prozess aus Sicht des Kunden weiter vereinfacht, automatisiert und digitalisiert werden kann. Wettbewerber wie N26 haben uns z. B. vorgemacht, wie einfach es sein kann, ein Konto zu eröffnen.

Was bedeutet Selbstorganisation für Sie?

Wichtig ist mir in diesem Zusammenhang, dass unsere Mitarbeiter eine Ende-zu-Ende-Verantwortung im Sinne des Kundenprozesses übernehmen. Dazu haben wir unter Nutzung agiler Methoden einen Rahmen geschaffen, der die Verantwortungsübernahme entlang der Kundenprozesse fördert. In diesem Sinne können und müssen sich die Teams weitgehend selbst organisieren.

Was waren für Sie die Erfolgsfaktoren für die Transformation zu Selbstorganisation und Agilität?

Die Transformation hin zum neuen Zusammenarbeitsmodell der Fiducia & GAD, welches in Kürze in Kraft tritt, sind wir auf agile Weise angegangen. Dazu haben wir in Sprints mit wechselnden Besetzungen die Aufbau- und Ablauforganisation partizipativ entwickelt. Hierdurch ist bei vielen Menschen eine große Verbundenheit zu dem neuen System entstanden.

Zutat: Management von Vertrauenskultur

Eine Vertrauenskultur im Gesamtunternehmen ist uns im Vorstand enorm wichtig. Ein Beitrag dazu z. B. ist die Art und Weise, wie wir jetzt unsere wöchentlichen Vorstandssitzungen durchführen. Einmal im Monat konzentrieren wir uns fokussiert auf die formalen Pflichtaufgaben des Vorstands bzgl. Risikomanagement, Compliance etc. Ein anderes Mal im Monat gehen wir als Vorstand in einen offenen Austausch mit den Projektleitern der Top-Projekte. Die anderen beiden Vorstandssitzungen haben Klausurcharakter und dort widmen wir uns strategischen und verbundpolitischen Themen und Fragestellungen. Und alles immer offen, ehrlich und transparent!

Zutat: Schneiden von Verantwortungsbereichen

Wir haben Verantwortungsbereiche in so genannten „Squads und Tribes" gebildet und wollen, dass dort die Verantwortung ernst genommen und gelebt wird. Das darf jedoch nicht dazu führen, dass die Verantwortung für den eigenen Verantwortungsbereich die übergeordneten Ziele des Unternehmens unterläuft. Uns ist es wichtig, dass die Verantwortungsübernahme für den eigenen Bereich und der Blick für das Ganze in einem ausgewogenen Zustand ist.

Zutat: Definieren von Entscheidungsprozessen

Ich bin ein großer Fan davon, dass ein Vorstand die Dinge entscheidet, die Sache des Vorstands sind, z. B. zu verbundspolitischen Fragen oder zu strategischen Grundsatzthemen. Ein Vorstand sollte sich jedoch aus operativen Entscheidungen möglichst heraushalten. Da vertrauen wir den dafür Verantwortlichen. „No micro management please", muss ich leider noch zu häufig sagen.

Zutat: Agile Unternehmensführung

Unser neues Zusammenarbeitsmodell ist stark auf Agilität und die Nutzung agiler Methoden ausgerichtet. Wir schaffen für alle Teams den Rahmen, entsprechend zu arbeiten. Wir ordnen jedoch nicht die umfassende Anwendung agiler Methoden an, sondern überlassen den Teams die Entscheidung, ob es für sie von Nutzen ist, agile Methoden anzuwenden und wann der richtige Zeitpunkt ist. Wir im Vorstand planen, demnächst auch mit agilen Methoden die Unternehmensentwicklung zu steuern.

Zutat: Objectives und Key Results

Aktuell ist für mich eine sehr wichtige Kennzahl die Nutzungsquote unserer Anwendungen durch unsere Kunden und die Bankkunden. Dadurch können wir erkennen, ob es uns gelingt, uns erfolgreich auf unsere Kunden auszurichten. Als genossenschaftlicher Dienstleister, dessen Kunden auch Gesellschafter sind, ist diese Kennzahl viel wichtiger als gewinnorientierte Kennzahlen.

Zutat: Leitbild

Ein wesentlicher Punkt in unserem Zukunftsbild ist der Wandel von der Rolle des IT-Dienstleisters hin zu einer Rolle als Partner und Begleiter unserer Kunden auf dem Weg hin zur digitalen Kundenbeziehung und digitalen Regionalbank unter Nutzung eines intelligenten Business-Ökosystems.

Zutat: Rollen und Titel

Der Wunsch einiger Menschen nach einer klassischen Karriere wird vermutlich auf Sicht bleiben. Aber ich glaube, dies wird insbesondere mit der jüngeren Generation weniger stark ausgeprägt sein. Wir fördern bewusst die Fachkarriere und achten auch darauf, dass unsere Führungskräfte Rollenflexibilität zeigen und sich von Zeit zu Zeit in eine neue Rolle verändern.

Was sind Dos und Don'ts bei der Entwicklung hin zu Selbstorganisation?
Auch wenn wir uns grundsätzlich agil aufstellen, haben wir uns entschieden, die Agilität nicht von oben ins Unternehmen hineinzudrücken, sondern einen Rahmen zu schaffen, damit überall dort Agilität entsteht, wo es von den Verantwortlichen als hilfreich gesehen wird.

Was waren Ihre größten Überraschungen?
Ich war außerordentlich angenehm davon überrascht, wie positiv unsere verantwortlichen Führungskräfte und Mitarbeiter diese Transformation bei aller Unsicherheit über die zukünftigen Aufgaben und Rollen aufgenommen haben. Damit hatte ich wirklich nicht gerechnet.

Wie können Sie den Nutzen der Transformation messen?
Der wichtigste Messpunkt ist für mich die Zufriedenheit unserer Kunden mit unseren Leistungen. Wir führen im Zweijahresrhythmus umfassende Kundenbefragungen durch. Vor 2 Jahren haben wir noch recht kritische Noten bekommen. Ich erwarte, dass wir bei der kommenden Befragung zum Ende des Jahres schon eine erste Verbesserung der Kundenzufriedenheit erleben und dass wir uns in weiteren 2 Jahren weiter gesteigert haben. Wenn uns dies gelingt, war die Transformation sehr erfolgreich.

4.1.7   OneVision, OneTeam, OneIT – im Kristall der LVM Versicherung

LVM Versicherung, Münster

Die LVM Versicherung gilt in Münster als attraktiver Arbeitgeber mit ausgeprägter Familienfreundlichkeit, hoher Innovationskraft und erfolgreicher Kundenorientierung. Regelmäßig erhält das Unternehmen Preise, z. B. als bester Arbeitgeber, gesundes Unternehmen, den

Otto Heinemann Preis, den InnoWard-Bildungspreis, den HR Excellence Award und das Fairness-Siegel. Wir von noventum pflegen zu einigen Entscheidenden dieses Unternehmens vertrauensvolle Beziehungen und sind von dessen Unternehmenskultur beeindruckt. Besonders den verantwortlichen Menschen in der IT sind wir sehr verbunden.

Seit einigen Jahren ist der Arbeitsplatz vieler IT-Mitarbeitenden ein weithin sichtbarer, gläserner Kristall, der das Stadtbild von Münster mitprägt. Und auch die Architektur der LVM Anwendungssysteme gilt in der Branche seit langer Zeit als vorbildlich. 2019 wurde der Staffelstab auf der Position des IT-Vorstands von Werner Schmidt an Marcus Loskant übergeben, welcher zuvor bei der R+V Versicherung in Wiesbaden als Direktor die Verantwortung für die IT-Themen Anforderungsmanagement, Innovationsmanagement, Strategie, Governance & Compliance, Security und Portfoliomanagement hatte. Auch die Digitalisierungsstrategie der R+V hat er maßgeblich gestaltet. Ich kenne und schätze Marcus Loskant aus R+V-Zeiten und habe mich sehr gefreut, als ich erfahren habe, dass er jetzt nach Münster zur LVM kommt. Als eines seiner ersten Großprojekte bei der LVM hat er gemeinsam mit den Mitarbeitenden die IT-Transformation 2030 gestaltet. Diese beinhaltet die 3 Schwerpunkte IT-Security, PL/1- und IMS-Komplettablösung sowie den neuen kollaborativen Arbeitsplatz aller Mitarbeitenden im Innen- und Außendienst incl. der Agenturen. Ein Vorhaben, das sicher von großer Komplexität gekennzeichnet ist. Begleitend hat er das IT-Leitbild der IT@LVM aktualisiert und modernisiert und dabei viel Wert auf ein neues Zusammenarbeitsmodell gelegt, das geprägt ist von Vertrauen, Verantwortung und Agilität. Sein Motto lautet: OneVision, OneTeam, OneIT.

4.1.7.1 Interview mit Marcus Loskant, IT-Vorstand der LVM Versicherung

Marcus Loskant, IT-Vorstand der LVM Versicherung

Wie erlebst Du persönlich Komplexität?
Ich nehme Komplexität jeden Tag wahr und ich nehme sie sehr bewusst wahr. Ehrlicherweise stresst sie mich nicht, ich finde das eher spannend. Die Welt ist einfach so und ich kämpfe nicht dagegen an. Die große Bandbreite meiner beruflichen Themen erweitert meinen Horizont.

Welche Rezepte zum Umgang mit Komplexität hast Du?

Von Mikromanagement halte ich überhaupt nichts. Mein generelles Rezept ist, dass ich Komplexität umarme. Einfacher wird es nicht mehr, das wird sich auch nicht mehr rückentwickeln, es wird eher immer eine Schippe draufgeben. Mein größtes Werkzeug ist, Methoden und Skills anzusammeln, die mir helfen, Komplexität zu beherrschen. Das ist der größte Teil meiner Arbeit. Sehr selten geht es dabei um die Reduzierung der Komplexität. Nur wenn ich erkenne, dass Probleme nicht komplex, sondern nur kompliziert sind, versuche ich mit klassischem Management den gordischen Knoten zu durchschlagen.

Was bedeutet Selbstorganisation für Dich?

Aus individueller Sicht versuche ich, alles um mich herum zu ordnen. Ich bezeichne mich selbst manchmal als den ordnungsliebenden Monk aus der US-amerikanischen Serie. Nur dass ich keine Berührungsängste mit Menschen habe. Du findest bei mir einen komplett aufgeräumten Schreibtisch und Schränke ohne Akten. Ich habe sowohl im Beruf wie auch im Privaten alles digital organisiert. Damit kann ich alle Herausforderungen, die jetzt anfallen, sofort angehen. Das hilft mir ungemein, gelassen mit der Komplexität umzugehen.

Aus Organisationssicht sehe ich ein wichtiges Merkmal von Selbstorganisation darin, dass die Entscheidungen dort getroffen werden, wo die Themen anfallen: in den Teams, in den Projekten, in den Verantwortungsbereichen. Dabei gibt es einen übergeordneten Rahmen, der beachtet werden muss, z. B. IT-Security, IT-Architektur, Datenschutz. Diese Rahmenbedingungen sind gewissermaßen ein Geschenk an die Teams, damit sie sich orientieren können. Wie die Teams sich unter den Rahmenbedingungen organisieren, soll dann aber stark selbstorganisiert erfolgen. Davon halte ich sehr viel. Teams sollten in die Lage versetzt werden, klare Entscheidungsvorschläge zu formulieren. Im Normalfall halte ich mich dann auch an diese Vorschläge, außer es gibt übergeordnete Interessen, die dabei nicht berücksichtigt wurden.

Was waren für Dich die Erfolgsfaktoren für die Transformation zu Selbstorganisation und Agilität?

Mit meinem Einstieg als IT-Vorstand habe ich versucht, viel Geschwindigkeit in die Transformation der LVM zu geben. Das beinhaltet die IT-technische Transformation, neue Kollaborationssoftware, Cloud-Lösungen, aber auch die menschliche Transformation. Wir sind davon überzeugt, dass alle Herausforderungen auch in der Zukunft von Menschen gelöst werden, mit Unterstützung von KI & Co. Wir brauchen zukünftig noch mehr Orientierung an Frameworks und Blueprints. Wenn einer eine gute Idee hatte, sollten wir diese anderen mitteilen und sie weiter benutzen. In der IT haben wir mit der neu etablierten Arbeitgebermarke IT@LVM unsere Attraktivität deutlich gesteigert, wollen aber selbstverständlich substanzieller, interner Bestandteil der LVM bleiben und nicht als Firma in der Firma agieren. Für die gesamte LVM waren Unternehmenskultur und Veränderungsbereitschaft schon immer starke Werte. Inwieweit jetzt noch mehr Agilität und Veränderung benötigt wird, untersuchen wir gerade im Rahmen eines Unternehmensprojekts. Dabei achten wir darauf, dass wir die Herausforderungen der unterschiedlichen Bereiche bestmöglich berücksichtigen können.

Zutat: Management von Vertrauenskultur

Bei der LVM gibt es schon seit langem 3 Leitwerte, und zwar in einer Kette: Sicherheit, Vertrauen und Verantwortung. Wir nehmen diese Werte sehr ernst. Beispielsweise bezeichnen wir unseren Außendienst als Vertrauensfrauen und -männer und meinen es damit sehr ehrlich. Um dies sicherzustellen, haben wir relativ viele Messinstrumente. Wir messen die Beziehung von unseren Kunden zu den Vertrauensleuten und wir messen auch das Vertrauen von den Vertrauensleuten zum Innendienst bei der LVM in Münster durch fein austarierte, anonyme Befragungen.

Zutat: Schneiden von Verantwortungsbereichen

Das ist ein superspannendes Thema. Wir haben diese nur auf einer Metaebene definiert. Wenn ich in die IT hereinschaue, arbeiten wir in Projektgruppen, die sich an Geschäftsprozessen oder Querschnittsthemen orientieren. Auf dieser Metaebene herrscht heute eine Zuordnung. Jetzt bauen wir an einer weiteren Unterstützung. Da beschreiben wir genauer die Vorgaben und Frameworks, die eine gute Orientierung zur Verantwortungsübernahme bieten, z. B. Sicherheitsanforderungen oder Programmiervorgaben, Blueprints etc. Sollte dann jemand feststellen, dass eine dieser Hilfestellungen nicht sinnvoll ist, ist dies ein Anlass, mit dem Owner der Vorgabe in die Diskussion zu gehen. Dann wird entweder im Einzelfall die Regel außer Kraft gesetzt oder die Regel wird generell geändert oder es wird entschieden, dass die Regel auch in diesem konkreten Fall Anwendung findet. Mit dieser Art der Zusammenarbeit schaffen wir innerhalb der Regeln einen großen Freiraum und meistern Unsicherheiten gemeinsam. Einer unserer Leitsätze in der IT, mit denen wir unsere Zusammenarbeit gut organisieren können, ist übrigens „Unsicherheiten meistern wir gemeinsam". Nur wenn es innerhalb der Regeln und Leitsätze nicht gelingt, zu einer gemeinsamen Lösung zu kommen, wird die Hierarchie angerufen, um schnell und klar die Unsicherheit zu beseitigen. Wir verfolgen also die Ambidextrie-Philosophie: Das Sowohl-als-auch. In unserer Welt heute ist ein Entweder-oder nicht zielführend.

Zutat: Definieren von Entscheidungsprozessen

Grundsätzlich treffen wir Entscheidungen dort, wo die Verantwortung liegt. Wenn dabei jedoch gegen ein Framework verstoßen werden müsste, z. B. Vorgaben zu IT-Security, Datenschutz oder IT-Architektur, muss dies mit dem Owner des Frameworks geklärt werden wie oben beschrieben. Das funktioniert sehr gut und damit bekommen wir viel Verantwortung in die Teams. Wir merken, dass die Kollegen das wertschätzen. Seltener müssen die Hierarchen einbezogen werden. Dies erfolgt nur, wenn es höhere Interessen oder nicht auflösbare Zielkonflikte gibt.

Zutat: Agile Unternehmensführung

Eine agile Führung des Gesamtunternehmens haben wir beim LVM noch nicht intensiv diskutiert. Vermutlich sind dazu auch unsere Bereiche zu unterschiedlich. Nicht alles kannst du agil sinnvoll steuern. Ich bin nicht überzeugt, dass es hilft, wenn wir unsere Kantine agil führen. Das nur als Trivialbeispiel, um zu erkennen, dass Agilität an sich keinen Wert hat. Man muss schon wissen, wo diese sinnvoll ist. Ich bin ein großer Fan davon, die Methoden einzusetzen, die im konkreten Fall Nutzen bringen. Im Rahmen unserer Unternehmenskulturentwicklung werden wir sicher zukünftig einige agile Elemente nutzen. Wenn ich in unsere IT schaue, gibt es dort viele Themen, bei denen wir agile Methoden einsetzen. In unserer neuen IT-Vision haben wir so z. B. viel agiles Gedankengut etabliert.

Zutat: Objectives und Key Results

Ich halte viel vom zahlenbasierten Management. Bei der LVM gibt es mindestens einmal pro Jahr das große Infopaket für alle Mitarbeiter. Das habe ich in dieser Form bisher sehr selten in anderen Unternehmen erlebt. In 3–4 Stunden werden dabei vom Vorstand alle wichtigen Zahlen, Daten, Fakten auch unter Einsatz von Storytelling präsentiert und es wird ein ausführlicher Ausblick in die Zukunft gegeben. Unterjährig posten wir relevante Zahlen für alle Mitarbeiter im Intranet. Wir bei der LVM haben ein Faible für Transparenz der Zahlen. In der IT haben wir uns OKRs, genauer gesagt „Scoreboards" verschrieben. Dabei orientieren wir uns an unseren Zusammenarbeitsregeln, z. B. „Unsicherheit meistern wir gemeinsam", „Wir nutzen Feedback als Chance" und meinem Liebling „Put the fish on the table", d. h. löse die Konflikte frühzeitig und kooperativ, sonst fangen sie an zu stinken. Die Teams orientieren sich dabei an einem vorgegebenen Leitsatz des Quartals und entwickeln dafür ihr eigenes Scoreboard und visualisieren dies. Für „Put the fish on the table" war z. B. der Vorschlag, 2 Aquarien aufzustellen, wobei in einem Aquarium Stofffische schwammen. Immer wenn ein Konflikt entsprechend des Leitsatzes adressiert wurde, wurde ein Fisch von diesem Aquarium in das andere gelegt. Mit dieser Methodik kann man sehr gut sehen, wie der Leitsatz gelebt wird. Diese Methode haben wir uns vom GoGreat-Prinzip bzw. vom Great Game of Business abgeschaut und sie bringt für alle einen Riesenspaß.

Zutat: Leitbild

Wir glauben fest daran, dass es für viele Mitarbeiter unheimlich wichtig ist zu wissen, wofür und für wen sie arbeiten. Was für ein Unternehmen ist die LVM? Was ist das große Ganze? Gehen wir fair miteinander und mit den Kunden um? Wohin geht die Reise mit der LVM? Das interessiert viele Mitarbeiter zu Recht. Es geht nicht nur um das schnöde Geld. Daher legen wir sehr viel Wert auf das Leitbild. Es gibt Orientierung und ermöglicht Verbindlichkeit.

Zutat: Transparenz und Kommunikation

Das ist für uns eine Riesenherausforderung. Wie bekommen wir die vielen und vielfältigen Informationen und Neuigkeiten an unsere knapp 4000 Mitarbeiter im Innendienst und 7000 Mitarbeiter im Außendienst transportiert, sodass wir die Menschen nicht überfordern? Wir haben dazu viele Formate auf verschiedenen Ebenen entwickelt, so z. B. aktuell unseren Corona-Informationskanal. Einiges läuft inzwischen auch über Hierarchiegrenzen hinweg, damit wir viele Kollegen gleichzeitig erreichen. Wir wollen die Deutungshoheit bei den wichtigen Themen nicht verlieren und die Gerüchteküche in Grenzen halten. Gut Gemeintes wird sonst leicht missinterpretiert und das tut weh. Zielgerichtete Kommunikation ist schon eine unglaublich anspruchsvolle Aufgabe, die viel Beachtung und Sensibilität braucht.

Im Thema Gehaltstransparenz arbeiten wir primär mit bekannten Laufbahnstufen, hinter denen dann auch Gehaltsbänder abgebildet sind. Die individuellen Gehälter sind jedoch nicht transparent im Unternehmen.

Zutat: Rollen und Titel
Ich persönliche halte die Klarheit über Verantwortungsbereiche für viel wichtiger als klassische Titel. Ich merke jedoch, dass bedeutungsvolle Titel vielen Menschen sehr wichtig sind. Mit unserer neuen LVM-Jobarchitektur haben wir unseren Mitarbeitern eine klare Perspektive geschaffen mit weniger Bedeutung der Titel. Bei dem Thema Titel bin ich offen gesagt hin- und hergerissen. Eigentlich würde ich Titel gerne abschaffen, stelle aber fest, dass das sehr schwierig ist.

Was sind Dos und Dont's bei der Entwicklung hin zu Selbstorganisation?
Empathie, Vorleben und Menschlichkeit sind unheimlich wichtig und fungieren als Bindemittel. Deine 8 Zutaten sind alle sehr relevant und vollständig, aber es wird nur ein köstliches Gericht daraus, wenn es mit Liebe gekocht wird. Das spürt man dann. Ohne Empathie, Vorleben und Menschlichkeit wird es nicht funktionieren. Wenn du die 8 Zutaten versuchst als Fake aufzubauen, wirst du scheitern. Menschen merken das. Seid ehrlich und nicht dogmatisch!

Was waren Deine größten Überraschungen?
Als ich anfing, eine neue IT-Vision und IT-Strategie anzuschieben, wusste ich noch nicht, ob sie angenommen werden. Es war ein sehr schönes Gefühl, als ich gemerkt habe, dass der Knoten geplatzt ist und das Verständnis und die Akzeptanz im Vorstand, bei den Führungskräften und den Mitarbeitern sehr hoch war. Mein emotionalstes Erlebnis war, als lang gediente Mitarbeiter mir sagten, dass es sich jetzt wieder alles „richtig" anfühlt und sie die Wertschätzung spüren, die ihnen entgegengebracht wird.

Wie kannst Du den Nutzen der Transformation messen?
Zum einen messen wir die Wirkung der Transformation mit unseren Scoreboards. Außerdem erheben wir in anonymen Befragungen bei unseren Mitarbeitern die Verbundenheit zu unserem Unternehmen und die Akzeptanz des neuen Zusammenarbeitsmodells. Zusätzlich haben wir einige Messpunkte in unseren IT-Systemen, aus denen wir erkennen, dass wir erfolgreich sind. Schließlich gibt uns der ausführliche BCG IT-Benchmark für Versicherungen einen sehr tiefen Einblick in unser Kosten- und Leistungsverhältnis im Verhältnis zu weiteren großen Versicherungen. Im letzten Jahr hatten wir z. B. eine Messung durchgeführt. Und waren sehr zufrieden mit dem Ergebnis und der Kosteneffizienz bei IT@LVM.

4.1.8   Bei Buurtzorg, dem Vorzeigeunternehmen für Selbstorganisation

Buurtzorg Deutschland, Münster

Das niederländische Pflegedienstunternehmen Buurtzorg wurde weltbekannt durch die Erwähnung in Frederic Laloux' Werk „Reinventing Organizations" (Laloux 2014): Buurtzorg ist tatsächlich ein Paradebeispiel für Selbstorganisation. In den Niederlanden arbeiten über 1000 Teams mit je 8–12 Pflegekräften vollständig selbstorganisiert und ohne Vorgesetzte. Die Aufgaben werden rollierend verteilt. Die übergeordnete zentrale Organisation ist sehr schlank aufgestellt und sorgt für die Unternehmenskultur, für gemeinsame Spielregeln und für eine ausgeprägte Kommunikation unter den Teams. Ich durfte im Jahr 2019 den Gründer Jos de Blok in Almelo persönlich kennenlernen und war dadurch sehr inspiriert. Jos kam aus einem hierarchisch organisierten Pflegeunternehmen und war den Energieverlust in der Pyramide einfach leid. So wagte er das Experiment eines völlig neuartigen Zusammenarbeitsmodells, welches einerseits durch seine Einfachheit besticht, andererseits aber sehr gut durchdacht den Kitt für die Organisation liefert.

Das erfolgreiche Modell Buurtzorg, was auf Deutsch Nachbarschaftshilfe heißt, wurde kürzlich nach Deutschland exportiert. Für die Verbreitung des in den Niederlanden bewährten Geschäftsmodells ist in Deutschland Gunnar Sander verantwortlich. Die ersten 9 Teams sind bereits etabliert und Gunnar Sander hat dabei viele spannende Erfahrungen gesammelt.

**4.1.8.1 Interview mit Gunnar Sander, Geschäftsführer der Buurtzorg
Deutschland Nachbarschaftspflege gGmbH**

Gunnar Sander, Geschäftsführer der Buurtzorg Deutschland Nachbarschaftspflege gGmbH

Wie erleben Sie persönlich Komplexität?
Wir bei Buurtzorg haben den Vorteil, dass das Thema Pflege nicht sehr komplex ist. Wir
haben standardisierte Strukturen. Das Dreiecksverhältnis zwischen Pflegekraft, Patient
und Krankenkasse ist relativ klar strukturiert. Deshalb macht mir Komplexität keine Sorgen.

Welche Rezepte zum Umgang mit Komplexität haben Sie?
Bei uns sind viele Dinge zu organisieren. Dazu haben wir Prozessbeschreibungen und
Regeln. Und wir besprechen dies oft. Das hat aber wenig mit Komplexität zu tun.

Was bedeutet Selbstorganisation für Sie?
Für uns ist Selbstorganisation ein großes Thema. Wir arbeiten in unseren Teams komplett
hierarchiefrei. Es gibt dort keinerlei Leitungsstruktur. Die Teams prägen selbst ihre Prozesse und ihre Arbeitsleistung. Sie entscheiden über Patientenaufnahmen, sie entscheiden
über Mitarbeitereinstellungen, sie entscheiden über die Form der Dokumentation. Innerhalb der Teams herrscht weitgehende Autonomie innerhalb eines klaren Rahmens. Zu dem
Rahmen gehört u. a. eine Deckungsbeitragserwartung von 3 % vom Umsatz. Wenn sich
Teams nicht innerhalb des Rahmens bewegen, erfolgt ein Coaching durch interne Kräfte
der Zentrale. Wenn dieses Coaching dauerhaft nicht dazu beiträgt, wieder in den definierten Korridor zu kommen, kann der Geschäftsführer der zentralen Einheit notwendige Um-
strukturierungen vornehmen. Das ist allerdings in Deutschland noch nicht vorgekommen.

**Was waren für Sie die Erfolgsfaktoren für die Transformation zu Selbstorganisation
und Agilität?**
In den Teams, die komplett neu gegründet werden, ist dies recht einfach. Dort gewöhnen
sich die Mitarbeiter schnell an die Buurtzorg Spielregeln. In den Teams, die eine andere

Arbeitsweise gewohnt waren, ist das jedoch eine große Herausforderung. Manchmal dauert es mehrere Monate bis zu einem Jahr, bis die neuen Verhaltens- und Arbeitsweisen eingeübt sind. Viele deutsche Arbeitskräfte sind anscheinend etwas reservierter bzgl. der Veränderungen in Richtung Selbstverantwortung als dies in den Niederlanden der Fall ist. Für unseren Veränderungsprozess haben wir einen Schulungsplan, der aus 5 Blöcken besteht. Dieser fängt damit an, dass wir die Buurtzorg Vision verdeutlichen, diese mit den Teams reflektieren, um schließlich Begeisterung bei den Mitarbeitern für die Chancen einer neuen Arbeitsweise zu erzeugen.

Zutat: Management von Vertrauenskultur
Vertrauen vorzuleben ist entscheidend. Eine offene Arbeitskultur ist wirklich wichtig und muss über ständiges Lernen und Erfahren gestärkt werden. In unseren Teams ohne Leitungsfunktion können wir ohne eine ausgeprägte Vertrauenskultur nicht arbeiten. Das ist bei Teams, die früher in einer anderen Kultur gearbeitet haben, eine sehr große Herausforderung.

Zutat: Schneiden von Verantwortungsbereichen
Dazu haben wir in den Teams klare Rollen mit Verantwortlichkeiten definiert, die rollierend gewechselt werden. Damit vermeiden wir kritisches Expertentum und Machtkonzentration.

Zutat: Definieren von Entscheidungsprozessen
Die Teams treffen die wesentlichen Entscheidungen, z. B. Einstellungen und Kündigungen, einstimmig. Alle müssen die Entscheidung mittragen. Damit wird das Ownership-Prinzip unterstützt. Teamentscheidungen werden entweder in den regelmäßigen Teammeetings oder online getroffen, denn wir sind alle miteinander vernetzt. Entscheidungen, die jeder Einzelne aus seiner Kompetenz heraus für sich treffen kann, trifft er natürlich selbstständig. Entscheidungen, die übergeordnet für alle Teams getroffen werden, trifft die Geschäftsführung in der Zentrale nach ausgiebiger Konsultation mit Arbeitsgremien bzw. Qualitätszirkeln, die aus den Teams besetzt sind. Diesbezüglich haben wir durchaus noch einen Chef, der entscheidet, nachdem er sich entsprechend Rat von seinen Mitarbeitern eingeholt hat.

Zutat: Agile Unternehmensführung
Agile Methoden setzen wir bei uns nicht ein, da unser Geschäftsmodell nicht sehr komplex ist. Wir haben das immer wieder diskutiert, aber uns bisher dagegen entschieden.

Zutat: Objectives und Key Results
Transparenz bzgl. der Zahlen ist bei Buurtzorg eines der Kernelemente. Die Teams sehen ihre Umsätze und Kosten. Gemeinsam mit den Teams erarbeiten wir diverse Kennzahlen, z. B. Produktivitätskennzahlen oder Zahlen zu Betreuungszeiten. Daraus erarbeiten sich die Teams ihre Teamziele und setzen diese in Beziehung zu den Unternehmenszielen.

Dadurch haben wir eine sehr hohe Transparenz und das ist für unsere Arbeit elementar. Auf der Basis der Zahlen können die Teams selbstständig ihre Entscheidungen bzgl. der Patientenanzahl u. a. treffen.

Zutat: Leitbild
Für ein selbstorganisiertes Unternehmen ist das Leitbild substanziell. Unser Auftrag ist es, Pflege zu verändern, ganz neu zu definieren und auf ein anderes Level zu heben. Diese Vision vermitteln wir allen Teams u. a. in Workshops. Bei allen Gelegenheiten bringen wir unsere Vision immer wieder auf die Agenda und hängen sie in unsere Büros, damit sie nicht vergessen wird. Und wir fragen unsere Teams häufig, ob das, was sie tagtäglich machen, deckungsgleich ist zu unserer Vision.

Zutat: Transparenz und Kommunikation
Bei Buurtzorg in den Niederlanden nutzen wir eine selbstentwickelte Kommunikations-plattform, das Buurtzorg Web. Mit dieser Kollaborationsplattform sind wir nicht nur unter-einander vernetzt, sondern können uns auch bzgl. aller Fragen zu unserer Pflegearbeit schnell austauschen. Immer wenn ein Pfleger eine Unsicherheit hat, kann er seine Frage in unserem System adressieren und bekommt in kürzester Zeit viele hilfreiche Antworten von Kollegen aus allen Teams. Dieses System wird in Kürze auch für die Pfleger von Bu-urtzorg Deutschland zur Verfügung stehen.

Zutat: Rollen und Titel
In der Pflegewelt ist der Wunsch nach Titeln nicht sehr stark ausgeprägt. Neben den Pflege-kräften gibt es klassisch nur noch die Pflegedienstleitung und die Geschäftsführung. Pro-blematisch ist es bei akademischen Graden, die aber aktuell nur ca. ein Prozent der Be-schäftigten ausmachen. Bei uns gibt es nur Teams, in denen alle gleichberechtigt sind sowie Coaches und die Geschäftsführung.

Was sind Dos und Don'ts bei der Entwicklung hin zu Selbstorganisation?
Ganz wichtig ist ein klarer Rahmen, ein deutlicher Korridor. Das muss man deutlich fixieren.

Was waren Ihre größten Überraschungen?
Wir tun uns mit der Wirtschaftlichkeit noch schwer. Der Prozess zur Erzeugung der Ver-antwortung der Teams für ihr wirtschaftliches Handeln ist schwieriger als ich erwartet habe. Früher war der Chef dafür verantwortlich und dorthin konnte man diese Verantwortung delegieren. Dass nun die Teams unternehmerisch denken müssen, müssen einige noch lernen.

Wie können Sie den Nutzen der Transformation messen?

Wir werden bzgl. unserer Ergebnisse wissenschaftlich begleitet durch die FH Münster und die Uni Osnabrück. Wir messen die Entwicklung der Patienten- und Mitarbeiterzufriedenheit und wir wollen nachweisen, dass wir Geld sparen im Gesundheitssystem.

4.2   Weitere inspirierende Unternehmen

Neben den in diesem Buch kurz portraitierten Unternehmen habe ich in den letzten Jahren viele weitere spannende Unternehmen kennengelernt, von denen ich eine Menge gelernt habe. Deren Verantwortliche haben mir wichtige Anregungen zur Etablierung einer wirkungsvollen Vertrauens-, Verantwortungs- und Leistungskultur gegeben. Diese Unternehmen und meine Gesprächspartner habe ich im Anhang aufgelistet.

Literatur

Laloux, Frederic, Reinventing Organizations: A Guide to Creating Organizations, Nelson Parker 2014

Transformation

5

5.1 Rahmenbedingungen bzgl. der Skalierung

Für Unternehmen mit einer Mitarbeitendenanzahl von bis zu 200 Menschen kann der Transformationsprozess hin zu einem hohen Maß an Selbstorganisation in einem stringenten Veränderungsprojekt mit einem durchgängigen Changemanagement erfolgen. Genau das ist meine Empfehlung, sofern die Bereitschaft der Mächtigen groß und die Dringlichkeit hoch ist. Diesen Veränderungsprozess habe ich unten konkret beschrieben.

Bei Unternehmen mit mehr als 200 Mitarbeitenden besteht jedoch die Gefahr, dass der Veränderungsprozess schleppend, langsam und aufwändig wird, sofern man Partizipation ernst nimmt. Wenn man den Veränderungsprozess aber schlanker mit weniger Partizipation organisiert, gefährdet das wiederum die Wirksamkeit signifikant. Dieses scheinbare Dilemma kann vermieden werden, indem die Transformation segmentiert wird. Für jedes Segment kann wiederum die in diesem Kapitel beschriebene Transformationsmethode angewandt werden. Mögliche Varianten einer Segmentierung stelle ich am Ende dieses Kapitels vor, wenn Ihr Euch mit dem grundsätzlichen von mir vorgeschlagenen Transformationsprozess vertraut gemacht habt.

5.2 Die 5 Stufen des Changemanagements nach Prosci®

Die Transformation hin zu einem Organisationsmodell, welches ein hohes Maß an Selbstorganisation ermöglicht, ist eine signifikante Veränderung, eine turbulente Reise. Dabei wird die Fahrt meist ruckeliger als anfangs erhofft (siehe Abb. 5.1).

Projekte, deren Erfolg davon abhängt, dass Menschen anders handeln, müssen die menschlichen Bedürfnisse und Reaktionsmuster ganz besonders in den Fokus nehmen.

© Der/die Autor(en), exklusiv lizenziert durch Springer-Verlag GmbH, DE, ein Teil von Springer Nature 2021
U. Rotermund, *Ausbruch aus der Komplexitätsfalle*,
https://doi.org/10.1007/978-3-662-62928-4_5

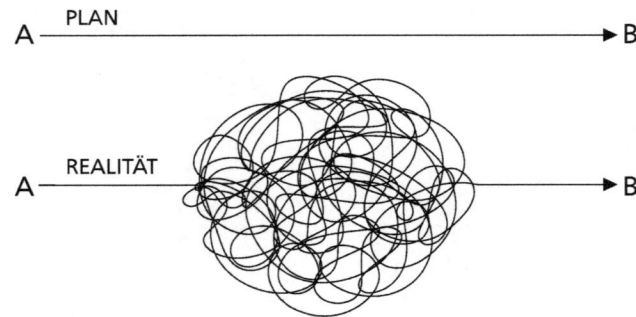

Abb 5.1 Plan und Realität

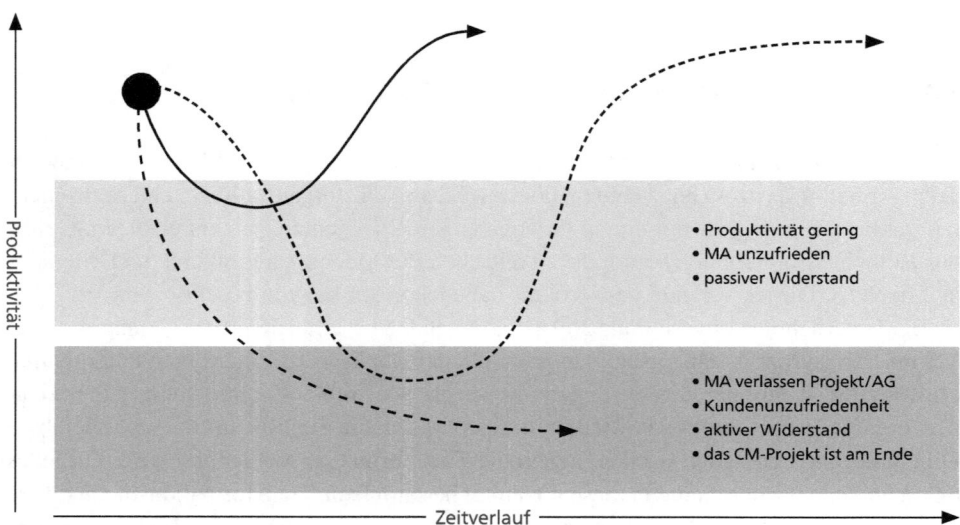

Abb. 5.2 Changemanagement und Produktivität im Zeitverlauf

Jede verheißungsvolle Veränderung führt dazu, dass anfangs Produktivitätsverluste eintreten. Sei es aus Unerfahrenheit oder aus Ablehnung gegenüber dem Neuen (siehe Abb. 5.2).

Veränderungen müssen also gemanagt werden, wenn sie gelingen sollen. Hierzu empfehle ich das **„ADKAR®"** Changemanagement-Modell des Prosci® Instituts [siehe: www. prosci.com], welches 5 Stufen beschreibt (siehe Abb. 5.3):

1. Erzeugen eines Gefühls der Dringlichkeit (**A**wareness):
   Ohne Not oder ohne einen starken Anreiz verändern sich Menschen meist nur langsam oder gar nicht. Dabei müssen die Not bzw. der Anreiz nicht nur eine hohe Relevanz haben, sondern auch eine ausgeprägte Dringlichkeit. Gut zu beobachten ist dies bei dem Umgang mit dem Coronavirus vs. dem Klimawandel. Die Signifikanz des Klimawandels ist ver-

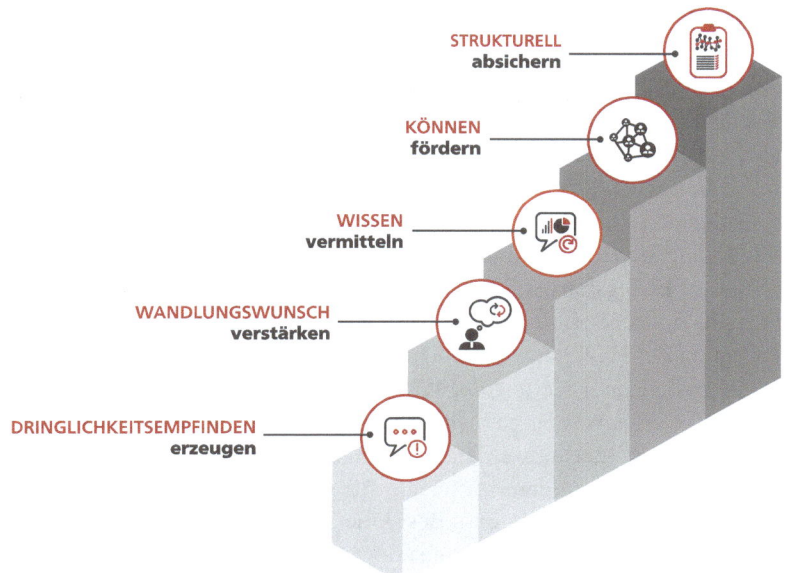

STRUKTURELL
absichern

KÖNNEN
fördern

WISSEN
vermitteln

WANDLUNGSWUNSCH
verstärken

DRINGLICHKEITSEMPFINDEN
erzeugen

Abb. 5.3 Stufenmodell. Grafik angelehnt an Prosci® ADKAR® Modell

mutlich noch viel höher als die des Coronavirus, aber die Bereitschaft, sein Leben zu verändern, ist offensichtlich bei dem Coronavirus höher. Die Bedrohung durch den Coronavirus ist zeitlich viel näher. Eine Reaktion ist nicht nur wichtig, sondern auch dringend.

2. Entfachen des Wandlungswunsches der Stakeholder (**D**esire):
   WIIFM. What's in it for me? Diese Frage steht vor jedem Wandlungswunsch. Während
   bei dem Gefühl der Dringlichkeit die Überzeugung vorhanden ist, dass sich etwas ändern muss, bedeutet der Wandlungswunsch, dass die handelnden Personen sich ändern
   wollen bzw. einen aktiven Beitrag zur Veränderung leisten wollen, weil es sich für sie
   lohnt. Dieser Wandlungswunsch kommt vollständig aus intrinsischer Motivation.

3. Vermittlung des benötigten Wissens (**K**nowledge):
   Erst wenn die beiden Stufen Dringlichkeit und Wandlungswunsch erklommen sind,
   wirkt die Vermittlung des Wissens und es wird klar, welche neuen Arbeitsweisen im
   Rahmen der Veränderung erforderlich sind. Wissensvermittlung ohne das Gefühl der
   Dringlichkeit und ohne einen Wandlungswunsch verpufft in der Regel.

4. Erlangung von Routine bzw. des Könnens (**A**bility):
   Auf der vierten Stufe, dem Können, geht es um das Erlangen von Routine von neuen
   Arbeitsweisen.

5. Etablieren von Strukturen, die ein Zurückfallen auf alte Verhaltensmuster verhindern
   (**R**einforcement):
   Schließlich müssen Strukturen, d. h. Spielregeln, Anreizsysteme u. Ä. geschaffen wer-
   den, die ein Zurückfallen in alte Verhaltensmuster verhindern bzw. unattraktiv machen.
   Es werden somit alte Brücken abgerissen, damit die neuen Wege etabliert werden können.

5.3   Stufe 1: Erzeugen eines Gefühls der Dringlichkeit

Es geht also zuallererst darum, die Dringlichkeit der Transformation zu verdeutlichen. Keine einfache Mission, insbesondere bei erfolgreichen Unternehmen. Dabei ist eine Veränderung hin zu einem selbstorganisierten Unternehmen gerade dann besonders erfolgversprechend, wenn das Unternehmen stabil am Markt steht und ein gutes Unternehmensklima hat. Und genau das macht es so schwierig, denn der Mensch ist in dieser Situation wenig veränderungsbereit. Es läuft doch. „Never change a winning system". Dass die größten Fehler im Erfolgsrausch gemacht werden, ist hinlänglich bekannt und führt dennoch meist nicht zu großer Lust auf Erneuerung. Hier ist jetzt der visionäre Mächtige gefordert, den ich in der Einleitung schon charakterisiert habe. Seine wichtige Aufgabe ist es, die sich abzeichnende Änderung der Windrichtung im Unternehmen zu verdeutlichen. Dies kann auf zweierlei Weisen passieren. Einerseits dadurch, dass Horrorszenarien mit konkreten Beispielen aufgebaut werden. Kodak und Nokia sind dabei nützliche, aber ausgelutschte Anti-Vorbilder. Andererseits kann die Lust auf ein neues Organisationsverständnis dadurch geweckt werden, dass Best Practices hautnah erlebbar gemacht werden. Ein Besuch bei den Vorbildern der Organisationsszene inspiriert oft viele, überzeugt aber hartnäckige Zweifelnde nicht. „Ist ja beeindruckend, aber bei uns passt das Konzept nicht, weil andere Branche, Größe, Kultur, Mitarbeitende, Kunden, Produkte etc. etc.", ist dann zu hören. Wer etwas will, findet Wege, wer etwas nicht will, findet Gründe. Und doch halte ich sehr viel von dem Erleben moderner Organisationsformen in den Unternehmen. Das ist in der Regel noch wirkungsvoller als den Zweifelnden ein Buch auf den Tisch zu legen. Am Ende werden sich so oder so viele Zweifelnde nicht überzeugen lassen. Manche entschließen sich dann, von Zweifelnden zu Verweigernden zu werden. Fokussiert Eure Kraft nicht auf diese Menschen. Ihr werdet sie nie gewinnen. Viele Biografien erfolgreicher Unternehmenden zeigen, dass bei einem Wandel der Unternehmenskultur und dem Organisationsmodell ein großer Anteil der ehemaligen Schlüsselspielenden aus Ablehnung das Unternehmen verlassen. Und das ist gut so.

Nach der Suche externer Impulse und guter Beispiele für eine zeitgemäße Organisationskultur und nach dem festen Entschluss der Mächtigen, diesen Weg zu beschreiten, empfiehlt es sich, einen kräftigen Impuls in die „Mannschaft" zu geben und zu einem Organisationsentwicklungsworkshop einzuladen. Teilnehmen sollten die Mächtigen, alle Führungskräfte sowie weitere Stakeholder und Multiplikatoren. Die Gruppengröße liegt idealerweise zwischen 5 und 50 Personen, kann aber bei intelligenter Organisation diese Anzahl auch überscheiten. Der 2-tägige Workshop besteht aus 2 Teilen. Am ersten Tag geht es um die Erzeugung des Empfindens der Dringlichkeit. Dazu schätze ich sehr das Business-Spiel Eigenland®, ein Produkt eines sehr geschätzten Geschäftspartners [siehe: www.eigenland.de]. Dabei werden bis zu 60 Thesen bzgl. möglicher Glaubenssätze auf emotionale und haptische Weise in Bezug auf die eigene Überzeugung bewertet. Im Rahmen einer Transformation hin zu einem selbstorganisierten Unternehmen bieten sich u. a. folgende Thesen an:

Thesen für die Transformation hin zu einem selbstorganisierten Unternehmen
Unseren Führungskräften wird sehr viel Vertrauen entgegengebracht.
Unsere Führungskräfte habe ein sehr großes Vertrauen in ihre Mitarbeitenden.
Bei uns ist eindeutig klar, wer für was Verantwortung übernimmt.
Entscheidungen werden bei uns sehr kompetent getroffen.
Wir sind ideal auf die Bedürfnisse unserer Kunden ausgerichtet.
Jedem in unserem Unternehmen ist absolut klar, welche Ziele wir haben und wie wir
sie erreichen wollen.
Mit unseren Zielen können sich alle unsere Mitarbeitenden stark identifizieren.
All unsere Meetings sind effizient und wirkungsvoll.
Bei uns schlägt Kompetenz Hierarchie.
Wir fokussieren uns konzentriert auf die wichtigen Dinge.
Wir haben eine starke Lern- und Verbesserungskultur etabliert.
Schwierigkeiten in unserer Zusammenarbeit lösen wir immer schnell wert-
schätzend auf.
All unsere Mitarbeitenden sind hochgradig intrinsisch motiviert.
All unseren Führungskräften ist Wirkung wichtiger als Macht.
Allen Mitarbeitenden ist unser Wertesystem vertraut.
Unser Wertesystem ist sehr authentisch und erlebbar.
Unsere Mitarbeitenden sind stolz auf die Produkte und Dienstleistungen des
Unternehmens.
Unsere Mitarbeitenden kommen gerne zur Arbeit.

Diese Thesen werden in Gruppen von 10 bis 15 Menschen spontan auf einer 5er-Skala
anonym bewertet, indem bunte Glasperlen in die Mitte gelegt werden. Der Moderator er-
kennt dann, welche Thesen eine große Relevanz für eine spätere Bearbeitung haben.

Die anschließende Diskussion fokussiert sich auf die Thesen mit großer Unterschied-
lichkeit der Einschätzungen und die Thesen mit großer Ablehnung. Dabei wird je fokus-
sierter These wie folgt vorgegangen. Zuerst wird herausgearbeitet, in welchen Situationen
oder in welchen Geschäftsbereichen die Dinge so positiv wie formuliert erlebbar sind. In
der zweiten Stufe wird geklärt, warum es nicht immer bzw. nicht überall so ist. Welche
Hindernisse führen dazu, dass diese positiv formulierte These oft nicht zutrifft? Diese
Suche nach Hindernissen erfolgt in einer wertschätzenden Weise mit dem Bewusstsein,
dass die Gründe im System liegen und identifiziert werden müssen. In der dritten Stufe
schließlich werden konkrete Maßnahmen gesucht, die die Hindernisse beseitigen. Hier ist
es entscheidend, dass die definierten Maßnahmen direkt und unmittelbar von der an-
wesenden Workshop-Gruppe durchgeführt werden können. Maßnahmen, die darauf-
setzen, dass sich Außenstehende verändern, werden vom Workshop-Moderator nicht akzeptiert. Alle Maßnahmen werden auf einer Maßnahmenwand zusammengetragen und
bekommen starke Überschriften zugeordnet (siehe Abb. 5.4). Dabei ist es wichtig, dass die

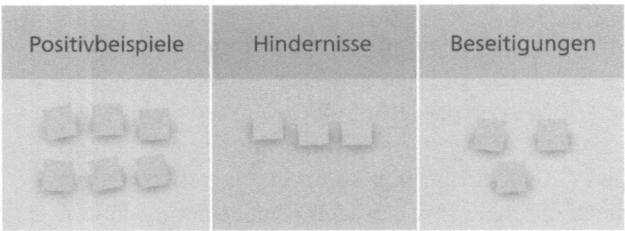

Abb. 5.4 Metaplanwand

Workshop-Gruppe, die von ihr definierten Maßnahmen alle aus eigener Kraft umsetzen könnte, wenn sie es nur wollen würde.

Nach Abschluss der Eigenland® Session haben alle Workshop-Teilnehmenden ein klares Bild, wie ihre Organisation funktionieren sollte, warum dies wichtig und dringend ist, welche Hindernisse dazu im Wege stehen und wie diese Gruppe sie konkret beseitigen könnte, wenn sie wollte. Damit ist das Dringlichkeitsempfinden erzeugt und fragt nach Handlungen, die eine Lösung versprechen.

5.4   Stufe 2: Entfachen des Wandlungswunsches der Stakeholder

Jetzt kommt die alles entscheidende Phase. *Es geht darum, aus dem allgemeinen Problemverständnis eines „hier muss sich etwas ändern" einen persönlichen Veränderungswillen entstehen zu lassen, wie z. B. „ich möchte meinen Beitrag zur Veränderung leisten und mich ändern."* Intrinsische Motivation lässt sich nicht anweisen. Sie entsteht aus tiefster Überzeugung, weil es sich subjektiv lohnt. Lohnen ist dabei nicht primär finanziell gemeint, sondern bezogen auf das Gefühl, einen wichtigen Beitrag zu einer wichtigen Sache zu leisten und dabei Anerkennung zu erfahren. Das fühlt sich für viele lohnend an. Das ist die individuelle Antwort auf das „Why".

Im Rahmen des Changemanagement-Anfangsimpulses schließt ein Workshoptag zum Entfachen des Wandlungswunsches direkt an den Workshoptag zur Entwicklung des Gefühls der Dringlichkeit an. Während am ersten Tag an einem gemeinsamen Bild einer modernen Organisation gearbeitet wird und dabei viele Wünsche der Schlüsselspielenden einfließen, beginnt der zweite Tag mit dem Gefühl, dass man diesem Wunschbild doch jetzt näherkommen möchte. Hier muss klar werden, dass die anwesende Gruppe ihr Schicksal selbst in die Hand nehmen muss. Das Hoffen darauf, dass jemand außerhalb dieser Gruppe die Voraussetzungen schaffen muss, dass ein Wandeln gelingt, darf nicht genährt werden. Es ist also entscheidend, dass in dieser Phase alle wichtigen Entscheidenden und Schlüsselspielenden anwesend sind und dass die anwesende Gruppe weitgehend entscheidungsfähig ist. Wichtig ist die Erkenntnis: *Wenn sich etwas verändern soll, sind wir hier die Einzigen, die das jetzt auf den Weg bringen können. Wenn wir dies nicht tun, wird sich unser System nicht nach unseren Vorstellungen verändern. Das ist dann unsere Entscheidung.*

Mit dieser Haltung kann es dann handwerklich an die Strukturierung der Veränderung gehen. Dazu werden erst einmal Ideen zu Maßnahmen des ersten Tages, die mit dem Eigenland® Spiel von den Teilnehmenden herausgearbeitet wurden, unter wenigen starken Überschriften, z. B. Führung, Verantwortung, Transparenz, Vertrauen, Leistung, Lernen o. Ä., einsortiert. Damit eine sehr hohe Identifikation entsteht, arbeiten wir zunächst an dem „Why" von jeder starken Überschrift. In einzelnen Subgruppen, die sich besonders zu ihren starken Überschriften hingezogen fühlen, wird für jede starke Überschrift ein Manifest erstellt. Das könnte beispielsweise wie folgt lauten: „Wir fördern und erwarten Leistung von jedem Einzelnen, damit unsere Organisation ihren Zweck erfüllen kann und ausreichend Kraft für zukunftssichernde Innovationen hat." Ein Satz, der selbstverständlich scheint, der aber, wenn er partizipativ entwickelt wurde, eine starke Anziehungskraft ausüben kann. Die Manifeste zu den starken Überschriften werden in der gesamten Gruppe reflektiert, diskutiert und schließlich sogar gegenseitig mit einem Voting-Verfahren bewertet. Jedem wird somit deutlich, worauf es ankommt und warum jetzt die einzelnen Maßnahmen auf den Weg gebracht werden.

Nun geht es an die Konkretisierung der Maßnahmen. Hierzu empfehle ich eine „Stationsarbeit". Zu jeder starken Überschrift mit entsprechendem „Why"-Manifest finden sich 2 Menschen, die während des kommenden Workshop-Schritts als Moderatoren bei dieser Themenwand bleiben. Die anderen Workshop-Teilnehmenden verteilen sich auf die 3–8 Themenwände. An jeder Themenwand werden dann die Maßnahmen diskutiert und in überschaubare Aktivitäten „zerhackt", die später in Sprints von einem Monat abgearbeitet werden können. Maßnahmen, die nicht in diese Zeitscheiben teilbar sind, verbleiben vorerst als sog. „Epics" auf der Themenwand. Diese Arbeit erfolgt in mehreren Runden. Die Teilnehmenden, die nicht als Moderatoren an den Themenwänden bleiben, wandern nach einem Zeitraum von ca. 15 Minuten geschlossen an die nächste Themenwand, wo die gleiche Methode für eine neue starke Überschrift angewandt wird. Das Manifest dient dabei immer der Sinnorientierung. Auf diese Weise gibt es so viele Durchläufe wie starke Überschriften bzw. Manifeste. Damit hat jeder Workshop-Teilnehmende einen Beitrag zu allen Themen geleistet und ist mit den jeweiligen Motiven vertraut.

Jetzt liegen 3–8 Themenwände vor, wobei auf jeder Themenwand eine starke Überschrift, ein „Why"-Manifest, diverse Sprint-kompatible Maßnahmen und ggf. weitere größere Epic-Maßnahmen dargestellt sind. Wie geht es nun weiter? Früher hätte man dann Verantwortliche für die Überschriften und die Maßnahmen benannt, das Ganze auf eine Zeitschiene gelegt und dann möglicherweise nach einiger Zeit festgestellt, dass das böse Tagesgeschäft die gut gemeinten Absichten eingeholt hat und dass nur ein Bruchteil der im Workshop als wichtig erachteten Maßnahmen umgesetzt wurden. Das ist nicht zielführend. Daher möchte ich eine agile Vorgehensweise empfehlen. Zunächst ist eine

Rollenklärung zwingend erforderlich. In der Scrum-Welt brauchen wir nur 3 Rollen, und zwar den Product Owner, den agilen Coach und das Team. Die Rolle des Product Owner sollte von dem Mächtigen wahrgenommen werden. Er ist damit Auftraggebender für das gesamte Veränderungsprojekt. Aber Achtung, das heißt nicht, dass er konkrete Maßnahmen konkreten Person zuweist, sondern dass er seine Anforderungen klar kommuniziert und priorisiert. Ob diese dann in die Tat umgesetzt werden, entscheiden die Auftragnehmenden, also das Team, eigenverantwortlich. *Hier liegt die Besonderheit der agilen Vorgehensweise. Es werden nicht Anweisungen gegeben, sondern Vereinbarungen getroffen – auf Augenhöhe! Der* Mächtige ist als Product Owner dafür verantwortlich, die erarbeiteten Maßnahmen zu priorisieren und dies transparent zu begründen. Im Rahmen eines Workshops hilft es, wenn er dies demonstrativ vor den Augen aller Teilnehmenden tut. So können sich alle Teilnehmenden in die Perspektive des Mächtigen versetzen. Im Workshop reichen 3 Prioritäten. Die Maßnahmen, die Sprint-kompatibel sind, werden dann als „Backlog items" auf ein Kanban Board der Unternehmensentwicklung übertragen und dabei nach den 3 Prioritäten sortiert. Insgesamt sind Kanban Boards mit ca. 50 Backlog items über alle 3 Prioritäten gut handhabbar.

Und jetzt kommt der entscheidende Moment! Es ist deutlich, was getan werden müsste, damit das Unternehmen sich in Richtung Selbstorganisation wandelt. Die Prioritäten der Mächtigen sind deutlich. Die Ideen der Schlüsselspielenden zu Maßnahmen sind gut strukturiert im agilen Backlog abgelegt. Und das „Why" ist in den Manifesten zu den Kernthemen klar und attraktiv formuliert. Jetzt müsste man es nur machen, nach dem Motto: „Machen ist wie wollen, nur krasser". Im Wege steht jetzt noch das Tagesgeschäft, denn alle Teilnehmenden des Workshops, d. h. die Schlüsselspielenden des Unternehmens, haben schon heute keine Langeweile, haben einen vollen Schreibtisch und bräuchten mehr Zeit, die ihnen ihr Vorgesetzter einräumen sollte. Genau an dieser Stelle erfolgt der Appell an die Selbstverantwortung und Selbstorganisation aller am Workshop Teilnehmenden. Die Botschaft lautet: *Wenn Ihr eine der aufgelisteten Maßnahmen verantwortlich im kommenden Sprint zu einem definierten Ergebnis führen wollt, dann seid Ihr voll verantwortlich für Eure Arbeitsorganisation. Ihr seid verantwortlich dafür, dass Ihr Eure jetzigen Aufgaben mit den zukünftigen Aufgaben in Einklang bringt und eigenverantwortlich ggf. für Entlastung sorgt. Zielkonflikte müsst Ihr eigenverantwortlich mit Eurem Vorgesetzten auflösen.*

Mit dieser Prämisse wird dann „gepullt". „Pullen" heißt, dass sich die Teammitglieder bzw. Workshop-Teilnehmenden ohne Anweisung der Mächtigen bzw. der Product Owner für die Übernahme der Verantwortung einer der Maßnahmen im soeben entstandenen Backlog entscheiden. Dies gilt erst einmal für den kommenden Sprint in der Länge von einem Monat. Er gibt damit gegenüber dem Product Owner und allen anderen Teammitgliedern ein Versprechen ab, das er unbedingt halten möchte und wofür er sich selbst organisiert. Bei diesem Pull ist es substanziell, dass er aus intrinsischer Motivation und ganz ohne Druck der Mächtigen erfolgt. Hierauf werden die Mächtigen vor Beginn des Workshops eindringlich hingewiesen, denn nur so entsteht weitgehende Eigenverantwortung. Das theoretische Risiko bei dem Pullen der Aufgaben für den kommenden Sprint ist, dass gar nicht gepullt wird. Theoretisch. Sollte das eintreten, würde dies

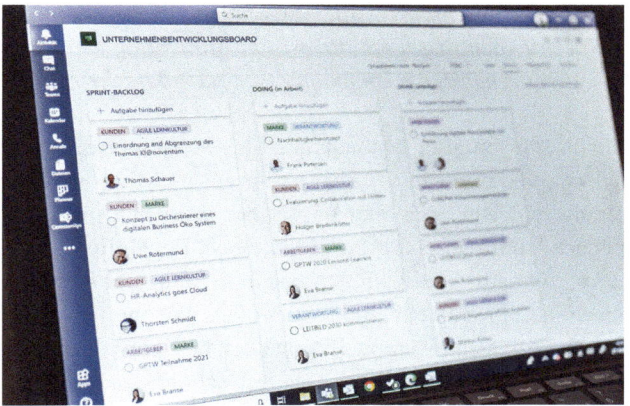

Abb. 5.5 Unternehmensentwicklungsboard

bedeuten, dass die Gruppe der Workshop-Teilnehmenden die tags zuvor als dringend eingestufte Veränderung nicht herbeiführen möchte. Das habe ich noch nie erlebt. Typisch ist eher, dass die Workshop-Teilnehmenden anfangs noch zögerlich sind und dass nach den ersten Pulls ein Ehrgeiz entsteht, möglichst viele der Prio1-Maßnahmen zu ziehen, damit das Team spürbar vorankommt (siehe Abb. 5.5).

Nach dem ersten Bekenntnis, dass Menschen Verantwortung für die Durchführung einer Maßnahme in Richtung Reorganisation innerhalb des kommenden Sprints übernehmen, geht es um die Konkretisierung. Schließlich soll nach dem Sprintende klar sein, ob das Ziel nun wirklich erreicht wurde und ob Folgemaßnahmen auf den Weg gebracht werden können. Sofern es die Zeit im Workshop erlaubt, werden die Maßnahmen direkt nach dem Pull in Auftragsscheinen zwischen Auftraggebendem = Product Owner = Mächtigem und Auftragnehmendem = Teammitglied definiert. In den Auftragsscheinen steht erst einmal das Ziel bzw. das „Why" der Maßnahme. Auch auf dieser Ebene ist die emotionale Nutzendefinition wieder von großer Bedeutung. Wenn jemand eine Maßnahme gezogen hat, muss ihm immer klar sein, welchen Nutzen die Organisation davon hat. Des Weiteren befindet sich im Auftragsschein namentlich der Auftraggebende sowie exakt ein Auftragnehmender, den wir gerne „Hütchenträger" nennen. Selbst wenn sich mehrere Menschen für die Erledigung einer Maßnahme bereit erklären, halte ich es für zielführend, wenn es exakt einen Hütchenträger gibt. Auch ist es wichtig, dass es exakt eine Person als Auftraggebenden gibt. Sollten mehrere Mächtige als Geschäftsführung oder Vorstand agieren, macht es den Prozess sehr viel schlanker, wenn nicht die Gesamtgeschäftsführung oder der Gesamtvorstand als Auftraggebender auftritt, sondern exakt eine Person. Schließlich vereinbaren Auftraggebende und Auftragnehmende auf Augenhöhe den Inhalt der Maßnahmen in einigen wenigen Unterpunkten, die dazu dienen, Klarheit bzgl. der Erwartungen zu erzeugen. Anhand dieser Unterpunkte kann nach Sprintende festgestellt werden, ob die Maßnahme absprachegemäß erledigt wurde. *Es ist an dieser Stelle noch einmal hervorzuheben, dass der Auftragsschein nicht Top-down angewiesen wird, sondern tatsächlich auf Augenhöhe vereinbart wird. Nur wenn beide Parteien dem Auftragsschein zustimmen, entsteht echte Identifikation, intrinsische Motivation und Eigenverantwortung. Der Auftragnehmende gibt mit der Zustimmung zum Auftragsschein ein persönliches Versprechen ab.*

Die Backlog items, die gepullten Maßnahmen für den Sprint Backlog und die Auftragsscheine lassen sich in einer einfachen Variante sehr gut im Microsoft Planner für die spätere Weiterverfolgung ablegen. Während physischer Workshops sind sie auf Metaplanwänden und Flipchartblättern durchaus gut aufgehoben. Bei Online-Workshops kann man gut elektronische Whiteboard-Applikationen wie miro.com oder mural.co einsetzen.

Wenn zum Abschluss eines zweitägigen Workshops sowohl die Dringlichkeit zur Entwicklung eines neuen Organisationsmodells wie auch der individuelle Wandlungswunsch durch Pullen von Maßnahmen erreicht wurde, ist schon sehr viel geschafft. Der entscheidende Impuls ist erzeugt. Jetzt braucht es noch das Commitment, diesen Prozess aufrechtzuerhalten. Dies funktioniert am besten durch die Etablierung agiler Methoden. Das Team der Organisationsentwickelnden sollte sich zu Standups, Reviews, Retrospektiven und Plannings verabreden, so wie ich es in Kap. 3 beschrieben habe. Die Arbeit sollte in gleichlangen Sprints mit einer Länge von einem Monat organisiert sein. Als Product Owner agieren weiterhin die Mächtigen, das Team besteht aus den wichtigsten Stakeholdern und ein agiler Coach sollte aus den Reihen der Teammitglieder benannt werden. Anfangs ist es dabei oft hilfreich, wenn der agile Coach extern besetzt ist, bis ausreichend Methodensicherheit erlangt wurde (siehe Abb. 5.6).

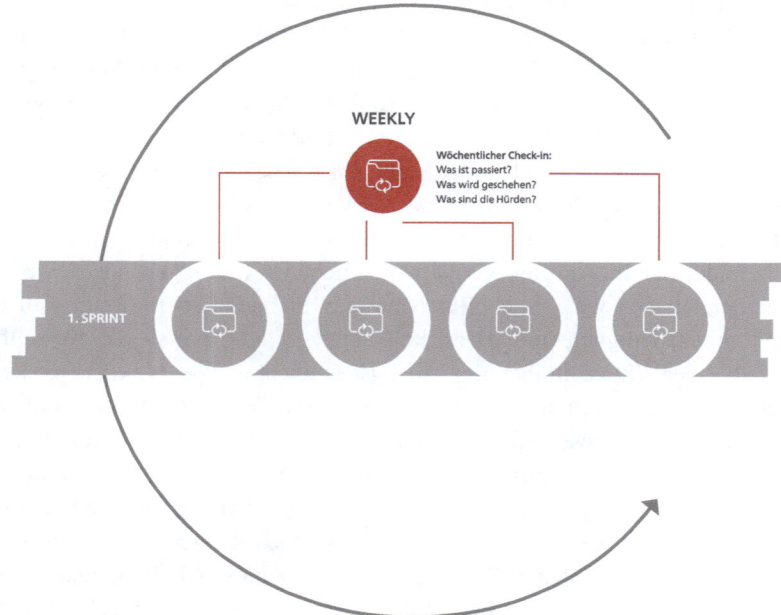

Abb. 5.6 Ausschnitt Agiles Vorgehensmodell, siehe Abb. 3.2

5.5   Stufe 3 und Stufe 4: Vermitteln des Wissens und Trainieren des Könnens

Die Dringlichkeit ist erkannt und der Wandlungswunsch der Stakeholder ist entfacht. Damit sind die beiden ersten und höchsten Stufen des Changemanagements erklommen. Jetzt und erst jetzt lohnt es sich, sich um die Wissensvermittlung und um das Trainieren neuer Verhaltensweisen zu kümmern. Bzgl. der Wissensvermittlung ist es sehr einfach. Die Menschen, die sich als Aktivposten bei der Veränderung hervorgetan haben, werden nach Wissen lechzen. Sie werden alle Angebote nutzen, die ihnen geboten werden und werden eigene Quellen des Wissens suchen und finden. Nützliche Qualifizierungen für agile Arbeitsweisen sind dabei:

- Professional Scrum Master von scrum.org
- Professional Scrum Product Owner von scrum.org
- Scaled Professional Scrum von scrum.org
- Professional Scrum with Kanban von scrum.org
- Professional Agile Leadership von scrum.org
- Certified OKR Master von die.agilen

Andere Trainings- und Zertifizierungsorganisationen bieten ähnliche Qualifizierungen an. Im Thema Führungstraining gefällt mir der Leadership-Agility-Ansatz von Bill Joiner (Joiner 2006) gut, den ich in Kap. 2 bereits kurz beschrieben habe. Der Ansatz orientiert sich an der Entwicklungsstufenpsychologie und überträgt diese auf den Werdegang einer Führungskraft. Jede Stufe ist dabei wichtig und wertvoll und je nach Situation besonders erfolgversprechend. Die stufenweise Entwicklung zu verschiedenen Leveln erfolgt entsprechend der Erfahrung sowie des Berufskontextes, z. B. durch die Aufgaben und die Position. Während die Level „Expert" und „Achiever" als Entwicklungsstufen konventioneller Führung gelten, ist der „Catalyst" ein Level agiler Führung (siehe Abb. 5.7). Die Level lassen sich wie folgt grob beschreiben:

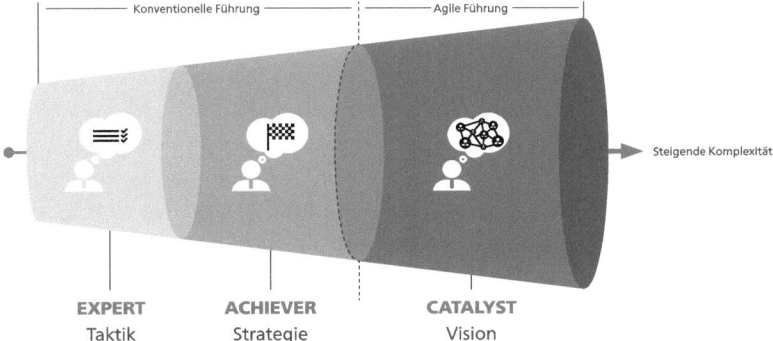

Abb. 5.7 Konventionelle Führung – agile Führung. Grafik angelehnt an Joiner (2006) Leadership agility

Konventionelle Führung als Expert
- Autorität durch Fachexpertise
- klare fachliche Anweisungen
- Stärke in der operativen Umsetzung
- erfahrenes Aufgabenmanagement im eigenen Verantwortungsbereich
- Fokus auf Einzelthemen und -aspekte

Konventionelle Führung als Achiever
- strategische Zielausrichtung des eigenen Bereichs
- ergebnisorientierte Gestaltung des Teamworks
- Stakeholder-Management
- autonome Arbeitsgestaltung für Leistungstragende

Agile Führung als Catalyst
- Etablierung einer partizipativen Hochleistungskultur auf dem Fundament von Vertrauen, Transparenz, Selbstverantwortung und Offenheit auf Augenhöhe
- Bewusstsein, dass es in komplexen Umgebungen nie den einen fortdauernden Masterplan gibt
- Zielorientierung bleibt wichtig, doch noch relevanter ist die gemeinsame Fähigkeit der Organisationsmitglieder, sich schnell an wandelnde Rahmenbedingungen anzupassen.

Durch das Leadership Agility Self-Assessment bekommen Führungskräfte ein vertieftes Gespür für das eigene Führungsverhalten. Es unterteilt den Handlungsrahmen einer Führungskraft in 3 Handlungsbereiche:

- Gestaltung der Organisationsveränderung
- Teamentwicklung
- herausfordernde Gesprächsführung

Hinzu kommen die 4 Agilitätsarten:

- Context-setting Agility (Rahmen setzen, Richtung geben)
- Stakeholder Agility (Stakeholder verstehen, Differenzen lösen)
- Creative Agility (Probleme analysieren, Lösungen finden)
- Self-Leadership Agility (Rückmeldungen ermöglichen, neue Fähigkeiten entwickeln)

Aus den 3 Handlungsbereichen und den 4 Agilitätsarten ergeben sich für den Catalyst 12 Gruppen von hilfreichen Handlungsmustern, die man am besten in Gruppen von Führungskräften diskutieren und einüben kann.

Auch die Trainings und Mitwirkung in folgenden Gesellschaften und Communities fördern das Wissen um zukunftsorientierte Organisationsmodelle:

- Future Leadership Trainings von der intrinsify.me GmbH
- Mitarbeit in der Great Place to Work® Community
- Mitarbeit in der Eigenland® Community

Bei noventum haben wir das Thema Führungskräfteentwicklung und Kompetenz-management fundiert im Rahmen einer Masterarbeit auf den Weg gebracht. Alle Führungskräfte haben aktiv mitgewirkt, um ein zu uns passendes, entwicklungs-orientiertes Führungskompetenzprofil zu entwerfen. Jede Führungskraft hat in einem zweistündigen, halbstrukturierten Interview freie Gedanken zu guter Führung ge-äußert, um im zweiten Teil ein eigenes Kompetenzprofil für alle Führungskräfte durch „Kartenlegen" zu erstellen. Karten mit Begriffen aus etablierten Kompetenzmodellen (Authentische Führung, ALCP – Adaptive Leadership Competency Profile, LEaD® – Leadership Effectiveness and Development) wurden nach Bedeutsamkeit gereiht und Trainingswünsche für die Einzelperson und das gesamte Team der Führungskräfte ge-äußert. Dieses partizipative Vorgehen erwies sich als sehr effizient und motivierend. Im Ergebnis hatten wir dadurch ein evidenzbasiertes, priorisiertes und maß-geschneidertes Kompetenzprofil. Zu jeder Kompetenz gibt es einen Score, welcher die Wirksamkeit gemäß der Einschätzung der gesamten Gruppe zeigt. Zusätzlich gab es bereits zahlreiche qualitative Aussagen dazu, wie ein passendes und wirksames Trai-ning dazu aussehen sollte. Dadurch wurde uns verdeutlicht, dass ein gemeinsames Training mit allen Führungskräften nach dem Leadership-Agility-Ansatz viele unse-rer Ideen abdecken würde. Mit dem Agility Coach Hermann Küster (Küster 2014) haben wir wertvolle Erfahrungen gesammelt und neue Blickwinkel erschlossen.

Das Trainieren der neuen „agilen" Sicht auf Organisation erfolgt am besten durch die aktive Teilnahme an den agilen Ritualen Standup, Review, Retrospektive und Planning. Die Menschen in der Organisation, die die Dringlichkeit verstanden haben, die einen starken intrinsischen Wandlungswunsch verspüren und die sich das Wissen über mo-derne Organisationsformen angeeignet haben, werden große Lust haben, sich aktiv an der Gestaltung der agilen Rituale zu beteiligen und immer mehr Verantwortung zu über-nehmen. Die Arbeit mit agilen Methoden ist hochgradig befriedigend, denn sie generiert immer wieder das Gefühl von Selbstwirksamkeit. Wenige wichtige Dinge werden in den Fokus genommen und werden zu einem erlebbaren Ergebnis geführt, und das unter der Wahrnehmung und mit Wertschätzung aller Stakeholder. An dieser Stelle sei deutlich darauf hingewiesen, dass eine äußerst konsequente Anwendung der agilen Rituale erfolgskritisch ist. Wenn agile Rituale verwässern und beliebig werden, geht die Glaubwürdigkeit und damit der gesamte Effekt verloren, Die Rolle des agilen Coaches sowie die Rolle des Product Owner ist dabei von entscheidender Bedeutung. Wenn diese professionell agieren, kommt Routine und Nutzen in das Veränderungsprojekt.

5.6   Stufe 5: Etablieren von stabilen agilen Strukturen

Stabile agile Strukturen? Klingt paradox, ist es aber nicht. Die in Kap. 3 beschriebenen
Strukturen bzgl.

* Vertrauenskultur
* Verantwortungsbereichen
* Entscheidungsfindungsregeln
* agiler Unternehmensführung
* Objectives und Key Results
* Leitbild
* Transparenz und Kommunikation
* Rollen und Titel

müssen verbindlich vereinbart und dokumentiert werden. Der Qualitätsmanagement-
prozess des Unternehmens muss die Aktualität der Dokumentation und die Anwendung
regelmäßig überprüfen und Maßnahmen auf dem Kanban Board der Unternehmensentwicklung einstellen, wenn Korrekturen erforderlich sind. Der Verantwortliche für den Prozess Unternehmensentwicklung, der idealerweise der Mächtigste im Unternehmen ist,
achtet darauf, dass die Spielregeln und Verhaltensweisen eines selbstorganisierten Unternehmens konsequent angewandt werden. Ist dies nicht der Fall, hat er einen Korrektur-
prozess auf Augenhöhe einzuleiten. Das ist seine Aufgabe als Servant Leader und als
Chief Empowerment Officer.

Alle 5 Stufen des Changemanagements werden Schritt für Schritt durchlaufen. Begleitend gilt es, mindestens die typischen Maßnahmenpläne der Veränderungsgestaltung
im Blick zu haben:

* zielgruppengerechte Kommunikation
* Aktivierung von Multiplikatoren-Allianzen
* Umgang mit Widerständen
* Training und Begleitung der Akteure

5.7   Fallbeispiel Sparkasse

Im Sommer 2019 wurden mein Team und ich von einer Sparkasse beauftragt, folgende
Ziele zu erreichen:

* Verbesserung der Führungs- und Unternehmenskultur
* Stärkung der Eigenverantwortlichkeit der Mitarbeitenden
* Förderung von Lust auf Leistung

- klare Ausrichtung der gesamten Organisation auf die Unternehmensziele bei Wahrung der Unternehmenswerte
- Vorbereitung des Generationswechsels im Vorstand
- Ausschöpfen des Leistungspotenzials der Organisation
- effizientes Nutzen des kreativen Potenzials
- Sensibilisieren aller Mitarbeitenden auf die Herausforderungen in der Zukunft

Im Jahr zuvor hatte die Sparkasse unter Beteiligen vieler kreativer Mitarbeitenden eine Zukunftswerkstatt durchgeführt, die viel Lust auf Zukunft gemacht hatte. In den Folge-monaten wurde aber deutlich, dass die Umsetzung der Projekte aus der Zukunftswerkstatt gegenüber dem Tagesgeschäft unter die Räder zu kommen drohte. Dies sollte durch unser Projekt verhindert werden. Damit sollte der Grundstein für eine tief greifende Veränderung der Unternehmenskultur gelegt werden.

Inmitten der Vorbereitungen des Kick-off-Workshops zur Kulturveränderung platzte der Anruf des Vorstandsvorsitzenden der Sparkasse, der mir mitteilte, dass sich die Priori-täten geändert hatten. Kulturveränderung stand nicht mehr oben auf der Prioritätenliste, sondern stattdessen eine nachhaltige Ergebnissicherung. Anlass waren die Äußerungen der EZB bzgl. der Zinsentwicklung, was zur Folge hatte, dass der 5-Jahresplan einen Sink-flug der Betriebsergebnisse auswies. Wenn nicht massiv gegengesteuert würde, wäre im Jahr 2025 das Betriebsergebnis gleich null und damit wäre die wirtschaftliche Grundlage der Sparkasse zerstört. Um auf ein akzeptables Betriebsergebnis ab 2025 zu kommen, müsste die Sparkasse 25 Mio. € zusätzlichen Ergebnisbeitrag erwirtschaften, und zwar einerseits durch deutliche Kosteneinschnitte und andererseits durch neue Ertragsquellen. Der Vorstand der Sparkasse entschied sich, diese Herausforderung bzw. das resultierende Programm mit der eingängigen Bezeichnung „25für25" zu versehen. Mir wurde mit-geteilt, dass unser Kulturentwicklungsprojekt gegenüber „25für25" herunterpriorisiert werden musste.

Einerseits war mir die Dramatik völlig einleuchtend. Solch eine Herausforderung hatte die Sparkasse in ihrer 199-jährigen Geschichte noch nicht erlebt. Dabei war es wenig tröstlich, dass sich die Sparkassen mit nahezu allen Kreditinstituten in der gleichen kritischen Situation befanden. Diese Situation hatte allerdings auch ihren Charme im Sinne des Changemanagements. Offensichtlich war es sehr wichtig, der wirtschaftlichen Herausforderung zu begegnen und dringend war sie ebenfalls, da jetzt sofort die Maß-nahmen eingeleitet werden mussten, um das Ziel rechtzeitig erreichen zu können (siehe Abb. 5.8).

Nach intensiven Diskussionen mit dem Vorstand und den Organisationsverantwort-lichen reifte schließlich der Entschluss, das Programm zur signifikanten Kostensenkung und zur Erschließung neuer Ertragsquellen mit agilen Methoden durchzuführen. Es sollten am Werkstück „25für25" neue Arbeitsweisen des Projektmanagements erprobt werden, um dadurch die Verantwortungsübernahme durch die zweite Führungsebene zu stärken und die Transparenz der Arbeitsergebnisse sicherzustellen. Wir haben das dann in Form

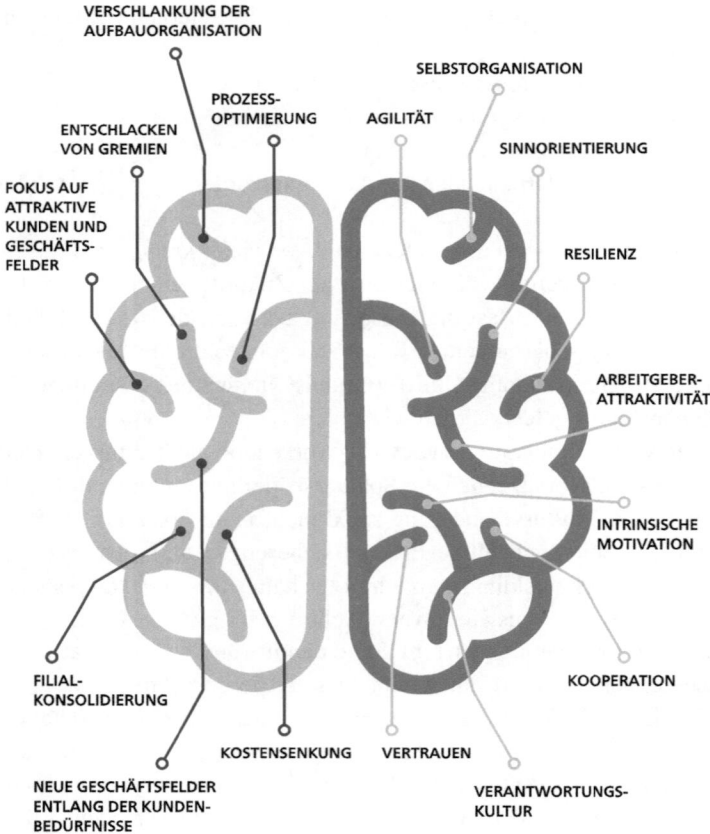

Abb. 5.8 Das Changemanagement Brain

von 2 Gehirnhälften dargestellt, wobei die eine Hälfte die klassischen Methoden der Ergebnisverbesserung repräsentiert und die andere Hälfte agile Arbeitsweisen auf Basis von
Vertrauens-, Verantwortungs- und Leistungskultur darstellt. Die agilen Methoden und die
darunterliegende Haltung sollten damit zum Befähiger der harten betriebswirtschaftlichen
Ziele werden.

Nachdem diese Grundsatzentscheidung gefallen war, wurde das Veränderungsprojekt
„25für25" nach dem in Kap. 5 beschriebenen Vorgehen konsequent durchgeführt. Anfangs
haben wir von noventum die agilen Ereignisse moderiert und auch konkret bei den operativen Changemanagement-Aufgaben mitgewirkt. Mit der Zeit haben sich die Sparkassen-
mitarbeitenden in die Methodik eingearbeitet, sodass die Sparkasse schon nach wenigen
Monaten autark war und unsere Unterstützung nur noch selektiv anforderte. Nach knapp
einem Jahr sind bereits viele messbare Erfolge sichtbar und es ist spürbar, welche Energie
durch die Stärkung der Verantwortungsübernahme außerhalb des Vorstands freigesetzt

wurde. Dabei wurden dort gar nicht alle Zutaten des in Kap. 3 beschriebenen Kochrezepts der Organisationsentwicklung genutzt. Die Sparkasse ist einer Pyramide immer noch viel näher als dem Pfirsich. Und doch sind signifikante Fortschritte erzielt worden durch die Anwendung einiger agiler Prinzipien und Methoden.

5.8   Wo ist der Griff?

Das Fallbeispiel Sparkasse zeigt, wie durch einen wichtigen und dringenden Anlass eine Veränderung kraftvoll in Angriff genommen wurde und dabei agile Methoden in der Organisation etabliert wurden. Wie können aber die Verantwortlichen agieren, die zwar das Gefühl haben, dass ein kultureller Wandel für den zukünftigen Erfolg erforderlich ist, die aber keinen konkreten hoch priorisierten Anlass definieren können? In dieser Situation finde ich viele Unternehmen vor. Die Verantwortlichen sagen mir, dass sie eine Veränderung oder spürbare Weiterentwicklung der Unternehmenskultur brauchen. Wenn ich dann frage, wie sie den besseren Zustand in der Zukunft konkret beschreiben würden und mit welchen Leistungsindikatoren sie das messen können, bekomme ich oft keine konkrete Antwort. Dies ist keine gute Voraussetzung für solch eine schwierige und mühsame Angelegenheit wie einen Wandel der Unternehmenskultur. Es fehlt das attraktive Ziel, es fehlt das „WHY" und es fehlt der Griff, mit dem ein Kulturveränderungsprojekt gestartet werden kann.

Dies hat mich veranlasst, zumindest bei der Suche nach dem Griff eine Hilfestellung zu entwickeln. Daraus ist der Online-Unternehmenskulturcheck, kurz UKC entstanden. Für den UKC habe ich 92 hilfreiche kulturgestaltende Strukturen und Maßnahmen von ausgezeichneten Arbeitgebern zusammengetragen, daraus thesenhaft den Idealzustand in wenigen Sätzen formuliert und schließlich diese in eine Checkliste übertragen. Bei der Durchführung des UKC werden zu jeder These eine Frage nach der Relevanz und eine Frage nach der Ausprägung gestellt:

• Relevanz: Wie wichtig ist das Zutreffen dieser These in Ihrer Organisation?
• Ausprägung: Wie stark ist diese These aktuell in Ihrer Organisation ausgeprägt?

Zum besseren Verständnis hier ein Beispiel einer der 92 Thesen:

Attraktive Arbeitgeber haben eine attraktive Vision & klare Ziele. Dabei sind die Ziele quantitativ und mit Terminen versehen, wohingegen die Vision einen qualitativen Zustand in der Zukunft beschreibt. Bei der Formulierung der Ziele stehen bei ausgezeichneten Unternehmen nicht allein die wirtschaftlichen Aspekte wie Gewinn, Umsatz, Wachstum, Marktanteile etc. im Vordergrund, sondern auch messbare Mitarbeiterorientierung, messbarer Kundennutzen, messbarer gesellschaftlicher Beitrag. Die auf hoher Ebene formulierten Unternehmensziele sind die Grundlage für weitere operationalisierte Ziele in den einzelnen Geschäftsbereichen. Die Vision ausgezeichneter Arbeitgeber zeichnet sich durch eine hohe Attraktivität für viele Mitarbeiter aus und dadurch, dass viele Mitarbeiter spüren, dass sie einen signifikanten Beitrag leisten können.

Bearbeitet wird der UKC von den Organisationsverantwortlichen der Unternehmen. Es handelt sich hierbei also nicht um eine Befragung aller Mitarbeitenden, sondern um eine Einschätzung der Organisationsarchitekten. Das Produkt aus Relevanz und mangelnder Ausprägung definiert dann den Handlungsbedarf. Hierzu ein Beispiel: Wäre für die oben definierte These die Relevanz 75 % und die gefühlte Ausprägung 25 %, ergäbe sich ein Handlungsbedarf von 75 % x 75 % = 56,25 %. Bei der Suche nach dem Griff empfiehlt es sich, die Thesen mit dem größten Handlungsbedarf in den Fokus zu nehmen.

Inzwischen wurde der Online-UKC von mehr als 250 Organisationsverantwortlichen durchgeführt. Den insgesamt höchsten Handlungsbedarf sieht der Durchschnitt der Befragten bei den Thesen:

*Ausgezeichnete Arbeitgeber schaffen es, dass ihr Leitbild nicht aus wohlformulierten Sätzen und prägnanten Vokabeln besteht, sondern dass das Leitbild glaubwürdige und identitätsstiftende Geschichten im Sinne von „**Story Telling**" erzählt, wodurch das Leitbild animiert und zum „**Living Leitbild**" wird. Authentische Interviews mit echten Mitarbeitern, die über echte Erlebnisse im Umgang mit dem Leitbild erzählen, sind die Basis für eine Verbreitung dieser Geschichten im Unternehmen und damit für die Erhöhung der Glaubwürdigkeit des Leitbilds.*

und

*Ausgezeichnete Arbeitgeber veranstalten „**Innovation Camps**" o. Ä., bei denen alle interessierten Mitarbeiter eingeladen sind, kreative Ideen zur Weiterentwicklung des Unternehmens und seiner Produkte einzubringen. Idealerweise werden hierzu externe Impulse von Zukunftsforschern oder Marktstrategen gegeben, um darauf basierend mit innovativen, kreativitätsfördernden Methoden wie „Design Thinking" u. a. Geschäftsideen zu generieren, die im Tagesgeschäft vermutlich nicht entstehen würden.*

Die Auswertungen des UKC bilden das spezifische Unternehmenskulturprofil von Organisationen bzgl. Ist und Soll ab und ermöglichen dadurch eine gezielte Projektierung entlang der größten Handlungsbedarfe. Das ist ein nützlicher Griff zur Priorisierung von Projekten und Maßnahmen zur Stärkung der Unternehmenskultur. Der UKC ist frei verfügbar, kostenlos, unverbindlich, vertraulich und erreichbar via https://unternehmenskulturcheck.noventum.de

5.9   Dauer der Transformation

Häufig werde ich gefragt, wie lange eine Transformation vom pyramidal-hierarchischen System hin zu einem Organisationsmodell der Selbstorganisation dauert. Natürlich wäre die Antwort „es kommt darauf an" richtig, sie wäre aber auch wenig hilfreich. Daher möchte ich lieber ein Szenario zur Orientierung aufzeigen. Um eine zügige Transformation zu erreichen, ist es sehr wichtig, dass das Zukunftsbild in den Köpfen der Mächtigen kristallklar ist. Dazu empfehle ich, dass sich die Mächtigen intensiv mit dem in Kap. 3 dargestellten Kochbuch auseinandersetzen und es als ihren Orientierungsrahmen für sich festschreiben oder einen ähnlichen eigenen Orientierungsrahmen setzen. Auch ist es sehr wichtig, dass die Mächtigen sich in Gesprächen mit erfolgreichen selbstorganisierten Unternehmen die Sicherheit verschaffen, dass es bei richtiger Anwendung funktioniert. Und sie sollten auch von den Experimenten anderer lernen, wo kritische Punkte und Sollbruchstellen existieren. Mit dieser relativen Sicherheit können sie sich dann auf die Transformationsreise begeben. Bis hin zu einem eingeschwungenen Zustand eines wirkungsvollen Organisationsmodells dauert es bei professionellem Changemanagement nicht länger als ein Jahr.

Dieses Jahr lässt sich in 4 Phasen aufteilen:

Phase 1: Die Mächtigen und ggf. weitere Stakeholder entwickeln das Zielbild eines selbstorganisierten Unternehmens. Sie verdeutlichen sich ihren Handlungsantrieb, d. h. ihr „Why", sie definieren einen ersten Handlungsrahmen entsprechend der in Kap. 3 dargestellten Handlungsfelder und sie tauschen sich in informellen Kreisen mit Externen dazu aus. Diese Phase kann innerhalb von 2 bis 3 Monaten abgeschlossen werden.

Phase 2: Der Impuls-Workshop wird vorbereitet und durchgeführt. Bei der Vorbereitung gilt es, den Teilnehmendenkreis festzulegen, die Kreativkräfte der Teilnehmenden zu mobilisieren, die Eigenland® Thesen zu vereinbaren, die Product Owner mit ihrer Rolle vertraut zu machen und ein Commitment bzgl. der späteren agilen Arbeitsweise bei der Organisationsentwicklung zu erzeugen. Vorbereitung und Durchführung des Impuls-Workshops benötigen 1–2 Monate.

Phase 3: Jetzt werden die agilen Routinen praktiziert. Innerhalb von Sprints in der Länge von einem Monat werden Stand-ups, Reviews, Retrospektiven und Plannings durchgeführt. Nach 4–6 Sprints unter professioneller Führung eines agilen Coaches ist meist ausreichend Routine eingetreten. Für die Phase 3 sind also 4–6 Monate einzuplanen.

Phase 4: Das neue Organisationsmodell wird verbindlich vereinbart. Die in Kap. 3 beschriebenen Spielregeln werden fest in einem Organisationshandbuch und im Leitbild als eine Art Grundgesetz festgeschrieben. Achtet darauf, dass es nur wenige verbindliche Spielregeln und ausreichend orientierungsgebende Prinzipien gibt. Das Organisationsmodell sollte im Konsentverfahren beschlossen werden. Der Verantwortliche hierfür ist der Verantwortliche für Unternehmensentwicklung. Diese Phase dauert 1–3 Monate.

Die Transformation ist nach diesem idealtypischen Szenario nach 8–14 Monaten abgeschlossen. Voraussetzung ist ein klares und konsequentes Agieren der Mächtigen und ein sehr professionelles Changemanagement (siehe Abb. 5.9).

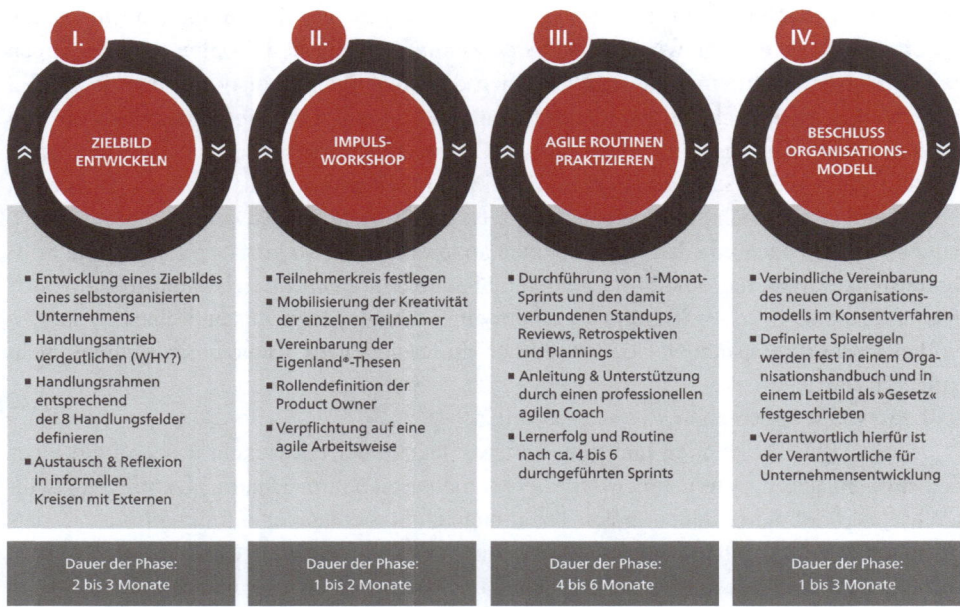

Abb. 5.9 Entwicklungsphasen zum selbstorganisierten Unternehmen

5.10   Skalierungsvarianten

Für Unternehmen mit mehr als 200 Mitarbeitenden muss der Transformationsprozess segmentiert werden, damit gleichzeitig Partizipation und Prozesseffizienz möglich ist. Dies habe ich einleitend zu diesem Kap. 5 bereits dargestellt. Jetzt möchte ich für Unternehmen mit mehr als 200 Mitarbeitenden 2 Varianten der Segmentierung des Transformationsprozesses vorschlagen.

Variante 1
Führt die Transformation Top-down durch. Arbeitet mit der Geschäftsführung bzw. dem Vorstand und weiteren 1–2 hierarchischen Führungsebenen an dem in Kap. 3 beschriebenen Organisationsmodell und lasst die Arbeitsorganisation darunter anfangs weitgehend unverändert. „Schneidet" dann das gesamte Unternehmen in Unternehmensteile mit jeweils max. 200 Mitarbeitenden, die nach Eurer Meinung sehr gut selbstorganisiert arbeiten könnten. Benennt die Verantwortlichen für die Unternehmensteile und lasst diese dann idealerweise gleichzeitig das neue Organisationsmodell im Rahmen von voneinander unabhängigen Transformationsprojekten mit einem professionellen Changemanagement etablieren. Achtet darauf, dass es Foren gibt, in denen die Unternehmensteile während dieser Transformation voneinander lernen können. Etabliert wäh-

rend dieser Transformationsprojekte sukzessive die übergeordneten Steuerungsmechanismen wie z. B. das Enterprise Organisation Team.

oder

Variante 2

Beginnt die Transformation mit einem oder zwei Unternehmensteilen mit max. je 200 Mitarbeitenden. Die Unternehmensteile sollten schon heute relativ autark arbeiten. Übertragt den dort Verantwortlichen weitgehende Handlungsfreiheit und ermächtigt sie. Lasst diese dann das neue Organisationsmodell im Rahmen von voneinander unabhängigen Transformationsprojekten mit einem professionellen Changemanagement etablieren. Achtet darauf, dass es Foren gibt, in denen die beiden Unternehmensteile während dieser Transformation voneinander lernen können, sofern es zwei sind. Unterstützt diese Unternehmensteile durch die noch existierenden Zentralfunktionen, soweit es nötig ist, regiert aber nicht in die zunehmend selbstorganisierten Unternehmensteile hinein. Nach Abschluss der Transformation in den 1–2 Unternehmensteilen zieht Bilanz und führt die Transformation dann bei den weiteren Unternehmensteilen durch, die ggf. zuvor noch geschnitten werden müssen. Baut dann zeitgleich die übergeordneten Steuerungsmechanismen wie z. B. das Enterprise Organisation Team.

Für jede dieser beiden Varianten gibt es noch sehr viele Spielarten und Details, die je nach Reifegrad, Geschäftsmodell etc. überprüft und ggf. angewandt werden müssen. Außerdem ist es auch denkbar, dass Unternehmen ein hybrides Modell fahren, d. h., dass sie selbstorganisierte und hierarchische Strukturen nebeneinander laufen lassen. Auch das ist möglich, wenn die Spielregeln entsprechend entwickelt wurden.

Grundsätzlich gilt jedoch, dass die in Kap. 3 dargestellten Methoden, Prinzipien, Haltungen und die in diesem Kapitel dargestellten Transformationsmethoden für Organisationen beliebiger Größe Wirkung in Bezug auf den Ausbruch aus der Komplexitätsfalle zeigen.

Literatur

Joiner, Bill, Leadership Agility: five levels of mastery for anticipating and initiating change, Jossey-Bass 2006

Küster, Hermann, Leadership Agility – die Führungsherausforderung in der IT. In: Lang, M.: CIO 3.0: Die neue Rolle des IT Managers, Symposium Publishing 2014

Fazit und Nutzenbetrachtung

6

6.1   Unternehmenskultur ist wichtig, sagt man

In den letzten Jahren habe ich mit weit über 100 Unternehmenden, Entscheidern und Managern vieler Branchen und Unternehmensgrößen gesprochen. Ich kann mich an kein Gespräch erinnern, bei dem nicht die Wichtigkeit der Unternehmenskultur für den nachhaltigen Erfolg des Unternehmens seitens meiner Gesprächspartner betont wurde. Einige waren bzgl. einer von Vertrauen, Verantwortung und Leistungsbereitschaft geprägten Unternehmenskultur recht weit. Die große Mehrheit der mir bekannten Unternehmen ist jedoch mit sich noch im Unreinen und hat bzgl. der Unternehmenskultur ein Defizitgefühl. Den Verantwortlichen ist bewusst, dass sie eigentlich viel mehr Kraft und Aufmerksamkeit in die Entwicklung einer zukunftsfähigen Unternehmenskultur stecken müssten, dies aber aus verschiedenen Gründen (noch) nicht tun. Was sind die Ursachen?

Eine Argumentationslinie ist die höhere Priorisierung anderer missionskritischer Projekte. Offensichtlich gehört die Unternehmenskulturentwicklung zwar zu den wichtigsten strategischen Aufgaben, aber nicht zu den dringendsten. Wie ich in Kap. 5 beim Thema Changemanagement verdeutlicht habe, ist eine erfolgreiche Veränderung aber ganz entscheidend davon abhängig, dass zu Anfang ein Gefühl der Dringlichkeit vorhanden ist. Wenn ich als mächtiger Entscheidender einen Wandel der Unternehmenskultur herbeiführen möchte, muss ich also nur das Wichtige zum Dringenden machen. Damit würden aber andere ebenfalls dringende Projekte oder Aufgaben herunterpriorisiert werden und das ist meist schmerzhaft oder quasi unmöglich. Wer also ein Projekt zur konsequenten Unternehmenskulturstärkung auf den Weg bringen möchte, muss sich entweder ganz bewusst gegen andere Dinge entscheiden und diese zurückstellen oder er muss die anderen dringenden Themen ganz gezielt und bewusst mit Hilfe einer neuen Unternehmenskultur angehen und dadurch 2 Fliegen mit einer Klappe schlagen.

© Der/die Autor(en), exklusiv lizenziert durch Springer-Verlag GmbH, DE, ein Teil
von Springer Nature 2021
U. Rotermund, *Ausbruch aus der Komplexitätsfalle*,
https://doi.org/10.1007/978-3-662-62928-4_6

Unternehmenskulturentwicklung wird so zum Trittbrettfahrer im Zusammenhang mit einem anderen dringenden Projekt.

Ein weiterer Grund dafür, dass Projekte zur Unternehmenskulturentwicklung nicht hoch priorisiert sind, ist die Angst vor den Risiken und Nebenwirkungen. Mit einer Unternehmenskulturentwicklung wird oft die Organisationsstruktur geändert, werden Entscheidungsgremien neu sortiert, werden Machtzentren verlagert u. v. m. Das führt im ersten Schritt zur Verunsicherung der Führungskräfte, zur Orientierungslosigkeit der Mitarbeitenden, zu Fehlern, zu Produktivitätseinbußen, zu steigender Fluktuation und zu einigen anderen unschönen Effekten. Das wird passieren, das garantiere ich Euch. Ein neues System braucht Zeit, bis es akzeptiert und geübt ist und einige Menschen werden nicht bereit sein, in diesem System mitzuspielen. All das lohnt sich nur, wenn die Risiken und Nebenwirkungen beherrschbar sind und wenn der dauerhafte Nutzen dies rechtfertigt. Den Nutzen und die Alternativlosigkeit habe ich an vielen Stellen in diesem Buch versucht zu verdeutlichen. Die Risiken sind wiederum mit einem professionellen Changemanagement zu beherrschen. Allen, denen diese theoretischen Appelle nicht ausreichen, um die Transformation beherzt anzugehen, möchte ich ans Herz legen, mit Unternehmen, die einen vergleichbaren Transformationsprozess bewältigt haben, zu diskutieren. Lest nicht nur Bücher! Geht nicht nur auf Kongresse! Fragt nicht nur Organisationsberater! Geht lieber zu den Unternehmen, die alle Transformationsschmerzen erlebt haben und holt Euch dort den Optimismus, den Ihr für Euer Unternehmen braucht. Acht Unternehmen habe ich Euch in Kap. 4 vorgestellt. Weitere findet Ihr im Anhang. Auch lohnt sich ein Blick in die Top-100-Liste der vom Great Place to Work® Institut ausgezeichneten Arbeitgeber. Mit diesen zu sprechen, erweitert den Horizont zum Nutzen einer Vertrauens-, Verantwortungs- und Leistungskultur. Nutzt das Wissen Eurer eigenen Mitarbeitenden, welche Erfahrungen in anderen Organisationen gesammelt haben. In jeder Organisation gibt es tolle Ideen und Rituale. Und auch jedes abschreckende Beispiel kann den entscheidenden Impuls geben, um daraus eine für die eigene Organisation passende Lösung zu entwickeln. Im Coaching nennt man dieses Vorgehen „Reframing".

Kommen wir zur dritten Ursache der Prokrastination der Unternehmenskulturentwicklung, der Befürchtung des Macht- und Kontrollverlustes. Bedeutung und Kontrolle bzw. Kontrollillusion sind menschliche Grundbedürfnisse. Daher möchte ich diese nicht einfach beiseiteschieben als rückständige Haltungen. Jeder gesunde Mensch möchte bedeutsam sein und möchte die Kontrolle über die Dinge haben, für die er verantwortlich ist. Und genau das ist in einer modernen Unternehmenskultur gewährleistet, allerdings auf etwas veränderte Weise. In Bezug auf Bedeutung, Macht und Verantwortung der Personen, die ganz oben in der klassischen Pyramide sind, möchte ich an dieser Stelle Götz Werner zitieren: „Ich bin für das Ganze verantwortlich, aber nicht für alles". Dieser Appell gegen Mikromanagement zeigt die Bedeutung des Unternehmensarchitekten und Wertekompasses. Ganzheitliche Wirkung statt selektive Machtausübung ist für mich ein starkes Zeichen von Bedeutsamkeit. Und in Bezug auf den Verlust der Kontrolle bzw. der Kontrollillusion kann ich nur noch einmal betonen, dass agile Methoden eines ganz besonders fördern, nämlich die Transparenz. Die klassischen Mächtigen verlieren also nicht die Möglichkeit der Einsichtnahme, sie verpflichten sich aber zum Verzicht auf das permanente Greifen in die Speichen und spielen ihre Rolle als agiler Product Owner im Rahmen der Reviews und Plannings.

Die 3 Ursachen „mangelnde Dringlichkeit", „Risiken und Nebenwirkungen" und „Macht- und Kontrollverlust" führen dazu, dass viele Transformationen über Jahre verschoben werden und damit entscheidende Produktivitätspotenziale vergeudet werden. Dennoch argumentiere ich nicht dafür, dass jedes Unternehmen heute mit der Transformation der Unternehmenskultur beginnen muss. Der richtige Zeitpunkt, an dem viel Kraft und Aufmerksamkeit fokussiert werden können, muss vorhanden sein. Zu lange warten sollten die Mächtigen aber nicht, insbesondere nicht, wenn die Hindernisse nur in den 3 oben genannten Ursachen begründet sind.

6.2   Schafe einfangen oder den Zaun reparieren?

In einem Kundenworkshop zur Transformation der Unternehmenskultur brachte eine Teilnehmerin eine plastische Analogie auf den Tisch: „Ich komme mir vor wie eine Schäferin, die ihre Herde zusammenhalten muss, obwohl ein großes Loch im Zaun ist. Ich weiß, dass ich eigentlich den Zaun reparieren müsste, aber dazu habe ich keine Zeit, denn ich muss ja die Schafe wieder einfangen, die durch das Loch im Zaun entfliehen". Dieses Gleichnis konnte ich gut volley nehmen, um den grundsätzlichen Umgang mit diesem Dilemma zu verdeutlichen. Ich empfahl ihr, den Zaun zu reparieren und zu akzeptieren, dass sie dabei einige Schafe verliert. Sicher ist sie die beste Fängerin entlaufener Schafe, aber sie hat primär die Verantwortung dafür, dass die Herde zusammenbleibt, dadurch, dass der Zaun dicht ist. Darauf muss sie sich fokussieren und andere Menschen die Schafe einfangen lassen, obwohl sie dies vielleicht noch nicht so gut können. Wenn dann einige Schafe verloren gehen, dann ist das so. Priorisieren heißt entscheiden und entscheiden heißt verzichten.

6.3   Nutzenbetrachtung 1: Individueller Nutzen

Die Nutzenbetrachtung einer Unternehmenskulturentwicklung hin zu mehr Vertrauen, Verantwortung und Leistungsorientierung möchte ich aus 3 Blickwinkeln vornehmen, und zwar aus der individuellen, der betriebswirtschaftlichen und der gesellschaftlichen Perspektive. Beginnen wir mit der individuellen Perspektive.

Alle Menschen, die sich auf den Weg gemacht haben, eine zukunftsfähige Unternehmenskultur für ihre Unternehmen zu entwickeln, haben eine spürbare strategische Fitness erreicht. So erlebe ich es regelmäßig in persönlichen Gesprächen und Austauschforen. Die Beschäftigung mit vielen Theorien und mit konkreten Implementierungen öffnet den Geist für die Vielfalt der Organisationsmöglichkeiten und schult das Denken in Szenarien. Dies erhöht die Adaptionsfähigkeit und damit die Chancen, bei geänderten Umweltbedingungen erfolgreich zu sein.

Jeff Sutherland, der Erfinder von Scrum, hat sein Buch über Scrum mit dem Titel versehen „The art of doing twice the work in half the time" (Sutherland 2015). Dieses Heilsversprechen funktioniert aus meiner Erfahrung nicht nur für Softwareentwicklungsprojekte, sondern auch für Organisationsprojekte und -maßnahmen aller Art, selbst wenn dort in der Regel nicht Scrum in Reinkultur eingesetzt werden kann. Die Grundidee der magischen Zeitvermehrung ist, dass durch Vertrauen und Fokussierung die Transaktions- und Kontrollkosten deutlich sinken und dass durch Eigeninitiative und intrinsische Motivation die Arbeitsergebnisse verbessert werden. Somit kann in weniger Zeit mehr erreicht werden. Klingt zu schön, um wahr zu sein. Ich habe in sehr vielen Gesprächen mit Menschen, die sich dieser Kultur anvertraut haben, festgestellt, dass diese sich deutlich weniger im Hamsterrad fühlen, Selbstwirksamkeit verspüren und ausreichend Zeit für sich selbst und ihre Familie haben. Sie schenken sich Zeit für sportliche Betätigungen, gehen achtsam mit ihrer Seele und ihrer Gesundheit um, genießen die Zeit mit ihrer Familie und sind überwiegend glückliche Menschen.

Diese Menschen sind definitiv keine Opfer, sondern Macher und Gestalter, die gerne und oft auch viel arbeiten. Für sie ist Erfolg vielseitig und besteht nicht nur aus der Erreichung wirtschaftlicher Ziele, sondern definiert sich aus dem Gesamtkunstwerk ihres Lebens inmitten der Menschen, die sie lieben. Dabei haben sie Vertrauen in ihre Organisation und die dort tätigen Menschen und darin, dass jeder seine Verantwortung wahrnimmt und damit der notwendige wirtschaftliche Erfolg eintritt.

Allein dafür lohnt es, sich mit den in diesem Buch beschriebenen Organisationsmodellen intensiv auseinanderzusetzen und zu prüfen, ob sie dabei helfen können, das persönliche Lebensglück zu verbessern.

6.4   Nutzenbetrachtung 2: Betriebswirtschaftlicher Nutzen

Gleichzeitig zur Steigerung des individuellen Lebensglücks verspricht ein Organisations-modell zur Stärkung von Vertrauen, Verantwortung und Leistungsorientierung diverse be-triebswirtschaftliche Vorteile. So hat das Great Place to Work® Institut statistisch nachge-wiesen, dass die ausgezeichneten Unternehmen im Vergleich zu Durchschnittsunternehmen

*   74 % (4,9 vs. 19) weniger Krankentage pro Jahr aufweisen
*   56 % (5 % vs. 9 %) weniger Eigenkündigungen zu verzeichnen haben
*   eine 3-fach höhere Bewerbungsquote haben
*   79 % (84 % zu 47 %) häufiger von Mitarbeitern als Arbeitgeber empfohlen werden
*   in Bezug auf ihre Produkte und Dienstleistungen 52 % (91 % vs. 60 %) häufiger von den Mitarbeitenden bei Kunden empfohlen werden.

Rechnet doch einmal für Euer Unternehmen durch, welchen Effekt dies auf Eure Ge-winn- und Verlustrechnung hat.

Auch in puncto Krisenfestigkeit ist die Unternehmenskultur ein sehr wichtiger Faktor. Ganz aktuell sagen 93 % der Entscheider in einer Befragung der Deutschen Gesellschaft für Personalführung DGFP, dass ein guter Zusammenhalt und eine starke Unternehmens-kultur gut durch krisenhafte Phasen führen. Ich kann das aus eigener Erfahrung deutlich unterstreichen. [*https://www.dgfp.de/fileadmin/user_upload/DGFP_e.V/Medien/Publika-tionen/2020/2020_Studie_Arbeiten_in_der_Corona_Pandemie_auf_dem_Weg_ins_New_ Normal_IAO.pdf*]

Darüber hinaus ist es sehr plausibel, dass diese Unternehmen durch begeisterte Mitar-beitende die zufriedeneren Kunden produzieren, mehr Kreativität und Innovationskraft haben und damit zukunftssicher sind.

Ob diese Unternehmen in den isolierten Geschäftsjahresbetrachtungen auch die höchsten Gewinne einfahren, möchte ich nicht versprechen. Sicherlich erzeugen die Un-ternehmen mit einer guten Unternehmenskultur anständige (= faire) Gewinne, denn alle Mitarbeitenden haben verstanden, dass dies wichtig ist für die nachhaltige Unternehmens-entwicklung. Außerdem sind diese Unternehmen gut auf die Lösung von Kundenproble-men vorbereitet und haben daher die Chance, dass ihre Kunden das ebenfalls anständig (= fair) belohnen. Um die Gewinne temporär zu maximieren, gibt es jedoch sicherlich wir-kungsvollere Geschäftspraktiken als die Etablierung einer Vertrauens- und Verantwor-tungskultur. Ich will diese Geschäftspraktiken an dieser Stelle nicht bewerten, möchte aber betonen, dass ich davon überzeugt bin, dass eine Vertrauens-, Verantwortungs- und Leis-tungskultur mehr Lebensglück für die Unternehmenden und Mitarbeitenden ermöglicht und gleichzeitig gute Gewinne abwirft. Für die Shareholder sind möglicherweise solche Unternehmen mit anständigen statt unanständigen Gewinnen aus Finanzanlegersicht we-niger attraktiv. Das ist es mir wert.

6.5   Nutzenbetrachtung 3: Gesellschaftlicher Nutzen

Nach der individuellen und der betriebswirtschaftlichen Nutzenbetrachtung möchte ich
nun den Blick auf die gesellschaftliche Relevanz richten. Durch meinen Einsatz in der
Great Place to Work® Community habe ich das „Diplomatic Council", kurz DC, mit den
beiden Hauptverantwortlichen Hang Ngyuen und Andreas Dripke kennengelernt. Das DC
setzt sich für Wirtschaftsdiplomatie ein und hat bei dem Wirtschafts- und Sozialrat der
UNO den Status eines akkreditierten Beraters. Seit 2015 bin ich Mitglied des DC und dort
in der Rolle des „Director Culture of Trust" tätig. Zu meinen Aufgaben gehört die Verbreitung der Potenziale einer Vertrauenskultur in den Medien und auf den Plattformen des DC.

In diesem Sinne habe ich in einem White Paper des DC den gesellschaftlichen Nutzen
von Vertrauenskultur verdeutlicht. Auszüge aus diesem White Paper seht Ihr hier:

> *„Die Vereinten Nationen stufen „happiness" als aussagekräftigen Gradmesser für den sozia-
> len Fortschritt einer Gesellschaft ein und stellen fest, dass „happiness" zusehends ein wesent-
> liches Ziel öffentlicher Politik darstellt. Daher hat das Sustainable Development Solutions
> Network (SDSN) der UNO schon 2012 den ersten World Happiness Report veröffentlicht.*
>
> *Der World Happiness Report der UNO stellt deutlich heraus, dass „happiness" von Men-
> schen weltweit dann am stärksten empfunden wird, wenn die Faktoren wirtschaftliche Sicher-
> heit, Eigenverantwortlichkeit, soziale Integration, Gesundheit, Lebenszeiterwartung und ein
> wertebasiertes korruptionsfreies Umfeld vorhanden sind. Insbesondere bzgl. des wertebasier-
> ten Handelns können und müssen Unternehmen eine Vorbildfunktion übernehmen. Dazu
> möchte ich für das DC Global Corporate Culture Program einen Beitrag leisten und insbe-
> sondere aufzeigen, dass Vertrauenskultur und wirtschaftlicher Erfolg keine Gegensätze dar-
> stellen – im Gegenteil!*
>
> *Unternehmen, die eine vertrauensbasierte Unternehmenskultur pflegen, senken damit ihre
> Transaktionskosten, unterstützen Kreativität und Leistungsbereitschaft ihrer Mitarbeiter, kön-
> nen sich schneller auf externe Einflüsse einstellen, unterstützen das psychische und physische
> Wohlbefinden ihrer Mitarbeiter und sind erfolgreicher im Sinne aller Stakeholder. Somit ent-
> steht auf vielfältige Weise Nutzen, und zwar für die Mitarbeiter, für die Gesellschafter, für die
> Kunden, für die Lieferanten, für weitere Geschäftspartner solcher Unternehmen wie auch für
> das gesamte Business-Ökosystem um diese Unternehmen. Darüber hinaus tragen diese Un-
> ternehmen durch ihr vorbildliches Verhalten auch dazu bei, dass das gesamte soziale Gefüge
> einer Nation oder einer Staatengemeinschaft von Vertrauen, Glück(lichkeit), Gesundheit und
> Erfolg geprägt ist.*
>
> *Das DC Corporate Culture Program möchte viele Unternehmer und Multiplikatoren da-
> von überzeugen, dass sich Vertrauenskultur für die Menschen in Unternehmen, für alle Stake-
> holder von Unternehmen, für Business-Ökosysteme und für ganze Volkswirtschaften lohnt.
> Dies steht im Einklang mit den Zielen und Grundsätzen des Diplomatic Councils, der Förde-
> rung von Frieden auf der Welt durch wirtschaftlichen Erfolg, Wohlstand und „Glücklichkeit"
> für alle Menschen."*

Den Inhalt dieses White Paper findet man auch in dem Buch „Denken 4.0", welches
vom Diplomatic Council veröffentlicht wurde (Athauda 2018).

Somit ist die Etablierung einer Vertrauens-, Verantwortungs- und Leistungskultur tatsächlich ein Beitrag zum Weltfrieden. Ist das nicht ein attraktives „WHY"? Gleichzeitig

erhöht sie die Chancen des persönlichen Glücksempfindens aller Mitarbeitenden und sie sichert nachhaltige Betriebsergebnisse. Ich finde, es spricht sehr viel dafür, den Weg in Richtung dieser Unternehmenskultur kraftvoll und konsequent zu beschreiten. Es lohnt sich in vieler Hinsicht!

Literatur

Athauda, Buddhi K. (Hg.), Diplomatic Council: Denken 4.0: Welt im Umbruch. Was die klügsten Köpfe eines globalen Think Tank über unsere Zukunft denken, DC Publishing 2018

Sutherland, Jeff, Scrum: The Art of Doing Twice the Work in Half the Time, Random House Business 2015

Jetzt ist die Zeit, Dank zu sagen an die Menschen, die mich persönlich inspiriert haben und an die, die es auf vielfältige Weise möglich gemacht haben, dass dieses Buch entstehen konnte.

7.1 Weitere inspirierende Autoren und Impulsgeber

Mehr als 50 Geschäftsfreunde haben als Autoren und Berater meinen Horizont erweitert und ich möchte sie an dieser Stelle explizit erwähnen:

- **Andreas Schubert** und **Frank Hauser** haben uns als Geschäftsführer des Great Place to Work® Instituts super viel Handwerkszeug und viele persönliche Hilfestellungen zur Gestaltung von Arbeitgeberattraktivität auf den Weg gegeben.
- **Anja Förster** und **Dr. Peter Kreuz** haben mir in ihren vielen Büchern prägnante kulturelle Gestaltungsmöglichkeiten gezeigt. Außerdem habe ich einige schöne Gespräche mit diesem Paar geführt und mit ihnen das erste Business Unusual Forum im Jahr 2012 auf die Beine gestellt.
- **Dr. Andreas Stiehler** ist freiberuflicher Analyst, Autor und Berater, mit dem ich seit vielen Jahren über die menschlichen Aspekte des digitalen Wandels diskutiere und der schon einige Interviews mit mir veröffentlicht hat.
- **Andreas Steinle** ist Geschäftsführer der Zukunftsinstitut Workshop GmbH und ist ebenso wie ich sehr neugierig auf die Zukunft. Auf kreative Weise weckt er bei seinen Kunden Lust auf Zukunft. Ich tausche mich mit ihm immer sehr intensiv aus, wenn sich unsere Wege kreuzen.

© Der/die Autor(en), exklusiv lizenziert durch Springer-Verlag GmbH, DE, ein Teil von Springer Nature 2021
U. Rotermund, *Ausbruch aus der Komplexitätsfalle*,
https://doi.org/10.1007/978-3-662-62928-4_7

- **Matthias Horx** ist Gründer des Zukunftsinstituts, dessen Bücher und Studien ich verschlungen habe, dessen Zukunftsoptimismus ich sehr schätze und über dessen intensive Mitwirkung bei unserem Business Unusual Forum ich mich sehr gefreut habe.
- **Anno Lederer** war bis 2014 Vorstandsvorsitzender des IT-Dienstleisters der norddeutschen Volksbanken GAD AG. Mit ihm habe ich mich während seiner Zeit in der GAD und noch mehr in der Zeit danach über einen kooperativen innovationsfördernden Führungsstil ausgetauscht. Sein Motto: „Nur wer loslässt, hat beide Hände frei".
- **Armin Hering** ist unser Vertriebstrainer und -coach und setzt einen besonderen Fokus auf Agilität. Zu seinem Podcast „kundenzentriert" durfte ich im Jahr 2019 einen Beitrag leisten.
- **Bettina Hofstätter** ist Geschäftsführerin von TRAUMUNTERNEHMEN. Sie unterstützt mittelständische Unternehmen dabei, ein Traumunternehmen zu werden. Wir helfen der Organisation TRAUMUNTERNEHMEN, indem wir unseren Unternehmenskulturcheck als Analysewerkzeug zur Verfügung stellen.
- **Bettina Kahlau** ist Expertin für Führungskräfte-, Persönlichkeits-, Organisations- und Teamentwicklung. Mit ihr tausche ich mich immer gerne bzgl. hilfreicher Analyse- und Entwicklungsmethoden aus.
- **Dr. Claudio Felten** ist selbsternannter Custonomiker, der „Kunde kann" und mit dem es immer eine große Freude ist, über die Förderung einer Unternehmenskultur zu philosophieren, bei der eine äußerst erfolgreiche Customer Journey herauskommt. Oft moderiert er unser Marktstrategiemeeting in einzigartig unterhaltsamer und professioneller Weise.
- **Prof. Dr. Farid Vatanparast** hat nach seiner Karriere als Profiboxer seinem Leben ein äußerst soziales Element hinzugefügt, indem er jungen Menschen mit seinem Projekt „Qualifighting" dabei hilft, ihre Motivation zur beruflichen Qualifikation zu finden.
- **Prof. Dr. Gerhard Nowak** ist Dekan an der IST-Hochschule für Management. Mit ihm gemeinsam organisiere ich seit einigen Jahren das Wirtschaftsforum Münster.
- **Prof. Dr. Gottfried Vossen** unterrichtet an dem Institut für Wirtschaftsinformatik in Münster. Wir pflegen naturgemäß einen engen Austausch. Darüber hinaus führt Gottfried seit vielen Jahren den Start-up-Wettbewerb ERCIS Launch Pad durch, bei dem ich als Förderer und Jurymitglied mitwirken darf.
- **Hang Nguyen** und **Andreas Dripke** sind Begründer des Diplomatic Council, dessen Vision es ist, eine friedliche Welt mit Hilfe von Wirtschaftsdiplomatie zu fördern. Sie haben mich zum Director Culture of Trust des DC berufen. Gerne teile ich mein Weltbild einer Unternehmenskultur mit den anderen Mitgliedern des DC und publiziere es in Form von White Papers und DC-Buchbeiträgen.
- **Hans-Heinz Wisotzky** berät Unternehmen beim Aufbau von innovativen Recruiting- und Onboardingstrukturen. Zu seinem Podcast „GainTalents" durfte ich im August 2020 einen Beitrag mit dem Titel „Verantwortung übernehmen und vorleben" leisten.
- **Hans-Peter Kosmider** und mich verbinden seit Jahrzehnten sehr viele unterschiedliche soziale Projekte, u. a. die Gründung des Vereins MITWIRKEN Münster e. V.,

dessen Mission es ist, im Sinne von Corporate Volunteering die Zeit von Mitarbeitenden in Unternehmen für soziale Einrichtungen auf einer Plattform zu vermitteln.

- **Prof. Dr. Heinz Siebenbrock** definiert als Hochschullehrer für Betriebswirtschaftslehre die Abkürzung BWL auch mit Blenden, Wuchern, Lamentieren. Ich finde das bemerkenswert. Er hat u. a. das Buch „Führen Sie schon oder herrschen Sie noch?" geschrieben. Mit ihm tausche ich mich seit langem über ethisches Führen aus.
- **Dr. Hermann Küster** hat das Konzept der Leadership Agility von Bill Joiner aus den USA nach Deutschland gebracht und hier auf dieser Basis die Coaching-Akademie etabliert. Wir sind ihm sehr verbunden, da wir mit ihm unsere Trainings zu Leadership Agility durchführen.
- **Jocelyn B. Smith** ist eine begnadete und international renommierte Soul- und Jazzmusikerin aus New York, die seit vielen Jahren in Berlin lebt. Mit den Mitteln der Musik engagiert sie sich in vielfältiger Weise sozial. Ich habe mit ihr diesbezüglich einige Projekte gemeinsam durchgeführt und ganz besondere Workshops durchgeführt, z. B. „Empower Your Voice – Empower Your Vision", in denen wir menschenorientierte Führung mit der Kraft von Musik kombiniert haben.
- **Prof. Dr. Jörg Becker** ist Leiter des Instituts für Wirtschaftsinformatik an der Uni Münster. Wir pflegen einen vielfältigen und vertrauensvollen Austausch zu Themen der Digitalisierung und mehr.
- **Karin Wiesenthal** bietet als freiberufliche Beraterin Leadership Advisory Services. Wir schätzen sie besonders als Expertin für Changemanagement.
- **Dr. Leon Windscheid** ist als Unternehmer eine schillernde Persönlichkeit. Schon mit 16 Jahren gründete er sein erstes Unternehmen und hat danach viele weitere Gründungen vorgenommen. Gemeinsam mit anderen Unternehmenden, Trainern und Coaches haben wir unter Führung des Bundesverbandes mittelständische Wirtschaft BVMW auf seinem Ausflugsschiff MS GÜNTHER eine Initiative zur Qualifizierung von Jungunternehmenden und Nachfolgern gestartet. Leon ist promovierter Wirtschaftswissenschaftler und Psychologe und hat wichtige Impulse in unser Business Unusual Forum gegeben.
- **Marc Groß** ist Programmbereichsleiter bei der kommunalen Gemeinschaftsstelle für Verwaltungsmanagement KGSt. Wir tauschen uns zu Potenzialen agiler Arbeitsweisen in der kommunalen Verwaltung aus und ich durfte des Öfteren auch bei Verwaltungskongressen diesbezügliche Impulse geben.
- **Prof. Dr. Martin Artz** ist Inhaber des Lehrstuhls für Controlling und Unternehmenssteuerung an der Uni Münster und hat uns im Rahmen einer Masterarbeit dabei unterstützt, unseren OKR-Reifegrad festzustellen und das OKR-Projekt bei noventum voranzubringen.
- **Martin Krumbein** hilft mit seinem Unternehmen onTarget mittelständischen Unternehmen dabei, sich auf die wesentlichen Erfolgstreiber zu fokussieren, um auch in unsicheren Zeiten Umsatz- und Ertragsziele zu erreichen. Martin hilft auch uns bei noventum, die Methode der Steuerung per OKRs erfolgreich einzusetzen. Auch hat er einen wichtigen Beitrag zum letzten Business Unusual Forum geleistet.

- **Matthias Günnewig** leitet die Technologieförderung Münster und ist Vorstand des Digital Hub münsterLAND. Er ist mir immer ein angenehmer und inspirierender Gesprächspartner, der mich zum Glück davon überzeugt hat, dass noventum zu den Gründungsmitgliedern des Digital Hub münsterLAND gehört.
- **Michael Buttgereit** und **Wolfram Heidenreich** sind Geschäftsführer der Agentur Gute Botschafter. Diese hilft Unternehmen, die Kraft ihrer unverwechselbaren Positionierung und die Klarheit über Sinn, Wert und Wirkung ihrer Marke zu entdecken. Mit beiden philosophiere ich seit vielen Jahren über wertebasierte Führung und habe dabei sehr viel gelernt.
- **Miriam Lerch** war bis Ende 2019 Projektleiterin bei der WEKA Akademie und unser Geschäftspartner. Seit Anfang 2020 ist sie selbstständige Beraterin für agiles Coaching, New Work Life Coaching und digitales Lernen. Wir haben uns zu agiler Führung intensiv ausgetauscht und ich durfte Ende 2019 ihr Gesprächspartner im „Fit for Digital"-Podcast sein.
- **Dr. Nadja Tschirner** ist Gründerin und Geschäftsführerin der Cross Consult GbR, einem Unternehmen, das unternehmensübergreifendes Mentoring organisiert. Sie hat in Münster eine neue Cross-Mentoring-Gruppe etabliert und uns als Gründungsteilnehmer gewonnen. Die Diskussionen mit ihr und den anderen teilnehmenden Unternehmen sind außerordentlich erkenntnisreich.
- **Neele Petzold** promoviert an der Fachhochschule Münster zum Thema „Managing Disruptive Change". In diesem auf 3 Jahre angelegten Forschungsprojekt sind wir von noventum einer der Projektpartner und haben dabei von Neele viel über Innovationsstrategien gelernt. Zusätzlich ist Neele unsere Moderatorin und Beraterin bei Innovationsworkshops unter Anwendung von „Design Thinking", „Design Sprint" und ähnlichen Methoden.
- **Oliver Pauli** gründete als Theaterpädagoge das Improvisationstheater placebo und hat uns die wertschätzende Kommunikation mit den Grundsätzen des Improvisationstheaters in vielen Trainings und Workshops vermittelt. Auch haben wir sehr viele gemeinsame wunderbare Veranstaltungen organisiert wie z. B. das Leadership Lab Sylt und das Business Unusual Forum.
- **Jan Oßenbrink** hat uns das Business-Spiel Eigenland® nähergebracht, mit dem wir viele Workshops zur Veränderung von Unternehmenskultur initiieren. Außerdem schätze ich ihn als werteorientierten Gesprächspartner und ich schätze seine Eigenland® Community, bei deren Treffen ich wirklich coole Leute kennengelernt habe.
- **Otto Schell** habe ich in der Gemeinschaft des „Diplomatic Council" kennengelernt. Er hat das „Otto-Schell-Institute for Digital Transformation" gegründet und setzt sich für eine globale digitale Agenda 2030 ein. Seine radikalen Ansichten hat er mit uns und unseren Gästen auf dem Business Unusual Forum geteilt.
- **Petra und Bernd Adamaschek** wie **auch Susanne Schlüters**, **Berthold Mühlenkamp** und **Robert Kleinschmidt** sind Verantwortliche des Bundesverbands mittelständische Wirtschaft BVMW im Münsterland und sind uns in vielfältiger Weise eng verbundene Kooperationspartner. Die Liste gemeinsamer Aktionen und Veranstaltungen

ist sehr lang, von Horizont erweiternden Unternehmerreisen über das Forum Führung bis hin zu vielen vertrauensvollen persönlichen Gesprächen.

- **Dr. Rainer Kossow** treibt die Freude an, in Menschen durch Kooperation und Partizipation Begeisterung zu wecken. Als Moderator, Trainer und Projektmanager hilft er, für komplexe Prozesse Lösungswege zu finden. Ich kenne Rainer seit über 20 Jahren und schätze an ihm die unglaubliche Zugewandtheit und seinen unbändigen Einsatz für die Kultur. Dabei meine ich nicht nur die in diesem Buch oft zitierte Unternehmenskultur, sondern ganz besonders auch die künstlerische Kultur. Rainer hat in einem großen Kraftakt in Münster das Kulturquartier aufgebaut und uns und unsere Gäste im Business Unusual Forum daran teilhaben lassen.
- **Dr. Sebastian Köffer** und **Isabelle Domeier** sind Verantwortliche des Digital Hub münsterLAND. Mit dieser Institution, die im Dreieck von Start-ups, IT-Dienstleistern und IT-Anwenderunternehmen Digitalisierungslösungen fördert, arbeite ich sehr gerne zusammen. Dort finde ich viele gute Ideen, einen echten Innovations-Spirit und eine klasse Plattform zum Austausch mit supernetten Menschen. Unter anderem durfte ich dort im Podcast „Eskaliert" einige Geschichten aus meinem Unternehmerleben verbreiten.
- **Sebastian van Deel** ist in der IHK Nord Westfalen Geschäftsbereichsleiter Digitalisierung. Gemeinsam arbeiten wir mit vielen anderen IT-Unternehmenden im IT-Forum am vertrauensvollen, regionalen Austausch und sind Mitglied des Organisationsteams des Digital Summit Euregio, welcher jährlich ca. 500 IT-Verantwortliche anzieht.
- **Prof. Dr. Susanne Maaß-Sagolla** ist Hochschullehrerin an der Fachhochschule Münster und unterrichtet dort zu u. a. interkultureller Kommunikation, Unternehmenskommunikation, Führungskräfteentwicklung und Changemanagement. Ihr besonderes Interesse gilt den Themen „Effectuation" und „Mindful Leadership". Zu beiden Themen sind wir in vertrauensvollem Austausch.
- **Prof. Dr. Theresia Theurl** war bis Oktober 2020 Dekanin für Wirtschaftswissenschaften und ist Leiterin des Institutes der Genossenschaften an der Uni Münster. Kennengelernt habe ich sie im Jahr 2010 bei einem ihrer Vorträge zum Thema „der anständige Kaufmann des 21. Jahrhunderts", in dem sie besonders die werteorientierten Prinzipien der genossenschaftlichen Idee verdeutlichte. Im Jahr 2020 habe ich mit ihr intensiv über den Strategie- und Entwicklungsplan des Fachbereichs Wirtschaftswissenschaften diskutiert und einen agilen Workshop mit den Lehrstuhlinhabern zu dessen Umsetzung durchgeführt.
- **Prof. Dr. habil. Thomas Baaken** leitete das Science-to-Business-Marketing Research Centre an der Fachhochschule Münster. Gemeinsam mit ihm und seinen Studierenden haben wir sehr viele erfolgreiche Projekte in den Themen Innovationsmanagement und Unternehmenskulturentwicklungen durchgeführt, von denen ich sehr viel gelernt habe.
- **Thomas Malessa** kenne ich in 3 Funktionen. Anfangs war er Geschäftsführer des bereits erwähnten Digital Hub münsterLAND, danach Cluster Manager für digitale Wirtschaft in der Wirtschaftsförderung des Landes Schleswig-Holstein und jetzt Market Relationship Manager bei der EITCO GmbH. In jeder Funktion haben wir uns in inten-

siver Weise über das Zusammenwirken von werteorientierter Führung und konsequenter Digitalisierung ausgetauscht. Gerne habe ich Beiträge zu seinen Veranstaltungen in Form von Keynotes und Workshops geleistet.

- **Prof. Dr. Thorn Kring** leitet an der Steinbeis-Hochschule in Berlin das Institut für Ethik, Führung und Personalmanagement. Kennengelernt haben wir uns im Rahmen der oben beschriebenen Gründung des Vereins MITWIRKEN Münster e. V. Thorn ist der entscheidende Treiber der Idee des Corporate Volunteering. Darüber hinaus tausche ich mich mit ihm gerne zu Themen ethischer Führung, insbesondere im Kontext von Volksbanken und Sparkassen aus, denn dort kennt er sich besonders gut aus.
- **Prof. Dr. Thorsten Wiesel** ist Inhaber des Lehrstuhls für wertbasiertes Marketing am Marketing Center Münster. Gemeinsam machen wir uns stark für die Gründerszene in unserer Region, unter anderem im Rahmen des ERCIS Launch Pad. Ich bin sehr happy, dass es Thorsten kürzlich gelungen ist, das Exzellenz Start-up Center.NRW mit Förderung des NRW-Wirtschaftsministeriums nach Münster zu holen. Ich werde zukünftig sicher auch dort mit ihm zusammenarbeiten.
- **Titus Dittmann** hat Ende der 70er-Jahre entscheidend dazu beigetragen, dass das Skateboard in Deutschland populär wurde. Er gilt als deutscher Skateboard-Pionier und -Papst sowie als außergewöhnlicher Unternehmer mit viel Empathie für die junge Generation und für Gründer. Titus hat mir in den letzten 20 Jahren durch seine unorthodoxe Art immer wieder wertvolle Impulse gegeben. Gemeinsam sind wir in der Jury des ERCIS Launch Pad.
- **Prof. Dr. Wieland Appelfeller** ist Hochschullehrer für Organisation und Wirtschaftsinformatik an der Fachhochschule Münster und langjähriger Kooperationspartner in verschiedenen Projekten, z. B. bei der Einführung agiler Methoden bei noventum. Gegenseitig geben wir unseren Communities Impulse. So hat Wieland Appelfeller auf unserem Business Unusual Forum zum Thema der digitalen Transformation referiert, während ich in der Ringvorlesung zur digitalen Transformation verschiedene New-Work-Aspekte darstellen durfte.
- **Wolfgang Höltgen** ist Vollblut-IT-Unternehmer, Direktor des German-Indian-Business-Center GIBC in Hannover und Mitgründer von GreyOrange, einem indischen Unternehmen, welches KI-gesteuerte Roboter in Logistikcentern entwickelt. Er hat eine große Leidenschaft für Zukunft – und für Indien. So durfte ich 2006 mit ihm und einer Unternehmendengruppe die Geschäftswelt dieses Subkontinents kennen und schätzen lernen. Auch heute noch tauschen Wolfgang und ich uns zu Fragen von Leadership und Management intensiv aus.

Euch allen gebührt ein großer Dank für die vielen guten Gespräche und Impulse. Auch möchte ich mich bei vielen weiteren hier nicht namentlich genannten Gesprächspartnern bedanken. Viele davon habe ich kennengelernt in der Great Place to Work® Community, in der Eigenland Community, in der BVMW Community, im Diplomatic Council, beim Zukunftsinstitut, im IT-Forum, in Stefan Meraths Unternehmercoach Community sowie auf unseren Veranstaltungsformaten Leadership Lab Sylt und Business Unusual Forum. Ihr alle habt meinen Horizont wirklich erweitert.

7.2   Danksagung

Dank an die portraitierten Unternehmensverantwortlichen
Mein Dank geht nochmals an meine 8 Interviewpartner. Sie haben die theoretisch plausiblen Organisationsmodelle praktisch erlebbar gemacht:

- Michel Billon, Geschäftsführer der Hanseatic Bank GmbH & Co. KG
- Hagen Rickmann, Geschäftsführer Geschäftskunden der Deutschen Telekom AG
- Claus Friedrichs, Geschäftsführer von sepago GmbH
- Erdal Ahlatci, ehemaliger Geschäftsführer von movingimages EVP GmbH
- Robert Holtstiege, Geschäftsführer von orderbase consulting GmbH
- Martin Beyer, Vorstandssprecher der Fiducia & GAD IT AG
- Marcus Loskant, IT-Vorstand der LVM Versicherung
- Gunnar Sander, Geschäftsführer von Buurtzorg Deutschland Nachbarschaftspflege gGmbH

Dank an die novis
Meine Kollegen bei noventum haben ebenfalls sehr viel dazu beigetragen, dass dieses Buch entstehen konnte. Ich konnte in unserem „Organisationslabor noventum" viele der Organisationsideen ausprobieren, währenddessen sie den Laden mit viel Engagement am Laufen gehalten haben. Nicht alle neuen Ideen funktionierten auf Anhieb, manche waren auch Rohrkrepierer. Für die Geduld, Toleranz und Resilienz meiner Kollegen kann ich nur ausgesprochen dankbar sein. Gemeinsam haben wir einen intensiven Lernprozess beschritten, der immer weitergeht, niemals beendet sein wird und mir große Freude bereitet. Konkret an der Erstellung des Buches mitgeholfen haben Eva, Susanne, Jan, Matthias und Tobias, denen für ihren intensiven Einsatz und für ihr offenes Feedback mein Dank gebührt.

Dank an meine Familie
Schließlich möchte ich mich auch bei meiner geliebten Familie bedanken, die auf ganz besondere Weise meinem Leben einen Sinn gibt und die damit entscheidend dazu beigetragen hat, dass mir die Ausgewogenheit zwischen betrieblichem und persönlichem Purpose immer bewusst ist. Dabei spreche ich nicht von der separierenden Work-Life-Balance, sondern von einem ganzheitlichen Lebenssinn, von einer ganzheitlichen Lebensmission. Danke an meine wunderbare Frau Marion, an meine Kinder Laura, Mona, Lukas, Severin, Justus, Luis und Elija, an meine Enkelkinder Florentine, Marla, Quinn, Bendix, Erasmus und Teo, an unsere Schwiegerkinder Oguzhan, Andreas, Susi, Gianni und Klara und auch an unsere zotteligen Familienmitglieder Eliot, Luna, Smilla und Chewbacca.

7.3   Kontakt

Uwe Rotermund

Wenn Euch die Konzepte und Beispiele in diesem Buch inspiriert haben, den Weg in Richtung zu mehr Vertrauen, Verantwortung und Leistungsorientierung zu gehen, und Ihr zuvor noch tiefer bohren wollt, freue ich mich über Eure Kontaktaufnahme auf allen verfügbaren Kanälen. Das kann wie folgt geschehen:

- Schreibt mir eine E-Mail an uwe.rotermund@noventum.de
- Werdet mein Social-Media-Freund per LinkedIn, XING, Twitter, facebook oder Instagram.
- Nehmt an den außergewöhnlichen Veranstaltungen Business Unusual Forum oder Leadership Lab Sylt teil. Aktuelle Veranstaltungshinweise findet Ihr unter www.businessunusualforum.de und www.sylter-tage.de
- Besucht meine persönliche Website www.uwe-rotermund.de und werft einen Blick auf meinen Blog „Thank God it's Monday" unter https://www.noventum.de/de/blog-ccm.html

Ich freue mich darauf, Euch kennenzulernen!

Literatur

Arnold, Hermann, Wir sind Chef: Wie eine unsichtbare Revolution Unternehmen verändert, Haufe 2016

Athauda, Buddhi K. (Hg.), Diplomatic Council: Denken 4.0: Welt im Umbruch. Was die klügsten Köpfe eines globalen Think Tank über unsere Zukunft denken, DC Publishing 2018

Beck, Don Edward, Cowan, Christopher C., Spiral Dynamics: Mastering Values, Leadership and Change, Blackwell 1996

Borgert, Stephanie, Die Irrtümer der Komplexität: Warum wir ein neues Management brauchen, GABAL 2015

Borgert, Stephanie, Unkompliziert!: Das Arbeitsbuch für komplexes Denken und Handeln in agilen Unternehmen, GABAL 2018

Borgert, Stephanie, Die kranke Organisation: Diagnosen und Behandlungsansätze für Unternehmen in Zeiten der Transformation, GABAL 2019

Borgert, Stephanie, Resilienz im Projektmanagement: Bitte anschnallen, Turbulenzen! Erfolgskonzepte adaptiver Projekte, Springer Gabler 2013

Branson, Richard, Losing my Virginity, FinanzBuch Verlag 2018

Bungay Stanier, Michael, The Coaching Habit: Wie Sie mit Fragen führen und dabei das Potenzial Ihrer Mitarbeiter entfesseln, Vahlen 2018

Chouinard, Yvon, Lass die Mitarbeiter surfen gehen: Die Erfolgsgeschichte eines eigenwilligen Unternehmers, Redline Verlag 2017

Coelho, Paulo, Sei wie ein Fluß, der still die Nacht durchströmt: Geschichten und Gedanken, Diogenes 2008

Collins, Jim, Hansen, Morten T., Great by Choice: Uncertainty, Chaos, and Luck – Why Some Thrive Despite Them All, Harper Business 2011

Corssen, Jens, Der Selbst-Entwickler: Das Corssen Seminar, marix Verlag 2004

Covey, Stephen R., The 7 Habits of Highly Effective People, Simon & Schuster 2020

Dethmer, Jim, The 15 Commitments of Conscious Leadership: A New Paradigm for Sustainable Success, Dethmer, Chapman & Klemp 2015

Dietz, Angela, Gesundes Kommunizieren: Für ein erfolgreiches, wertschätzendes und menschliches Miteinander, BusinessVillage 2016

Dittmann, Titus, Brett für die Welt, Waxmann 2015

Dobelli, Rolf, Die Kunst des klaren Denkens, Piper 2020

Doerr, John, OKR: Objectives & Key Results: Wie Sie Ziele, auf die es wirklich ankommt, entwickeln, messen und umsetzen, Vahlen 2018

Dueck, Gunter, Professionelle Intelligenz: Worauf es morgen ankommt, Eichborn 2011

Eberl, Ulrich, Smarte Maschinen: Wie Künstliche Intelligenz unser Leben verändert, Carl Hanser Verlag 2016

Eggers, Dave, Der Circle, Kiepenheuer & Witsch 2014

Faschingbauer, Michael, Effectuation: Wie erfolgreiche Unternehmer denken, entscheiden und handeln, Schäffer-Poeschel 2017

Felber, Christian, Gemeinwohl-Ökonomie, Piper 2018

Förster, Anja, Kreuz, Peter, Nur Tote bleiben liegen: Entfesseln Sie das lebendige Potenzial in Ihrem Unternehmen, Pantheon Verlag 2014

Franke, Sven, Hornung, Stefanie und Nobile, Nadine, New Pay – Alternative Arbeits- und Entlohnungsmodelle, Haufe 2019

Friebe, Holm, Die Stein-Strategie: Von der Kunst, nicht zu handeln, Carl Hanser Verlag 2013

Friedrich, Kerstin, Das große 1x1 der Erfolgsstrategie: EKS® – Die Strategie für die neue Wirtschaft, Gabal 2009

Friedrich, Kerstin, Erfolgreich durch Spezialisierung: Radikal anders – radikal besser, Redline Verlag 2014

Friedrich, Kerstin, Spielregeln für Game Changer: Den Teamgeist entfesseln durch radikale Transparenz und Gamifizierung, GABAL 2020

Fuchs, Carsten, Zukunft entscheiden!: Wie Unternehmen die Angst vor dem Morgen überwinden und Heimat werden, Orgshop GmbH 2019

Gladwell, Malcolm, The Tipping Point: How Little Things Can Make a Big Difference, Little, Brown and Company 2000

Gladwell, Malcolm, Überflieger: Warum manche Menschen erfolgreich sind – und andere nicht, Campus Verlag 2009

Gloger, Boris, Rösner, Dieter, Selbstorganisation braucht Führung: Die einfachen Geheimnisse agilen Managements, Carl Hanser Verlag 2017

Grant, Adam, Give and Take: Why Helping Others Drives Our Success, W&N 2014

Grundl, Boris, Schäfer, Bodo, Leading Simple: Führen kann so einfach sein, GABAL 2007

Hamel, Gary, The Future of Management, Harvard Business Review Press 2007

Händeler, Erik, Der Wohlstand kommt in langen Wellen. Wie wir in Zukunft besser leben können, Brendow Verlag 2009

Harari, Yuval Noah, Homo Deus: Eine Geschichte von Morgen, C.H.Beck 2018

Hawking, Stephan, Brief Answers to the Big Questions, John Murray 2018

Horx, Matthias, Future Fitness: Wie Sie Ihre Zukunftskompetenz erhöhen. Ein Handbuch für Entscheider, Eichborn 2003

Horx, Matthias, Das Buch des Wandels: Wie Menschen Zukunft gestalten, Vahlen 2011

Horx, Matthias, Das Megatrend-Prinzip: Wie die Welt von morgen entsteht, Vahlen 2014

Horx, Matthias, Zukunft wagen: Über den klugen Umgang mit dem Unvorhersehbaren, Deutsche Verlags-Anstalt 2013

Hsieh, Tony, Delivering Happiness: A Path to Profits, Passion and Purpose, Grand Central Publishing 2011

Jánszky, Sven Gábor, 2025 – So arbeiten wir in der Zukunft, Goldegg Verlag 2013

Joiner, Bill, Leadership Agility: five levels of mastery for anticipating and initiating change, Jossey-Bass 2006

Kahnemann, Daniel, Thinking, Fast and Slow, Penguin Verlag 2012

Keese, Christoph, Disrupt Yourself: Vom Abenteuer, sich in der digitalen Welt neu erfinden zu müssen, Penguin Verlag 2018

Khalsa, Mahan, Illig, Randy, Let's Get Real or Let's Not Play: Transforming the Buyer/Seller Relationship, Portfolio 2008

Klein, Sebastian, Der Loop-Approach: Wie Du Deine Organisation von innen heraus transformierst, Campus Verlag 2019

Knoblauch, Jörg, Kurz, Jürgen et al., Die TEMP-Methode: Das Konzept für Ihren unternehmerischen Erfolg, Campus Verlag 2009

Kotter, John, Rathgeber, Holger, Das Pinguin-Prinzip: Wie Veränderung zum Erfolg führt, Droemer Verlag 2017

Kotter, John P., Whitehead, Lorne A., Buy-In: Saving Your Good Idea from Getting Shot Down, Harvard Business Review Press 2010

Küster, Hermann, Leadership Agility – die Führungsherausforderung in der IT. In: Lang, M.: CIO 3.0: Die neue Rolle des IT Managers, Symposium Publishing 2014

Laloux, Frederic, Reinventing Organizations: A Guide to Creating Organizations, Nelson Parker 2014

Lelord, François, Hector und die Suche nach dem Paradies, Piper Taschenbuch 2017

Lelord, François, Hector und die Entdeckung der Zeit, Piper Taschenbuch 2008

Lencioni, Patrick M., Die 5 Dysfunktionen eines Teams überwinden: Ein Wegweiser für die Praxis, Wiley-VCH 2019

Leopold, Klaus, Agilität neu denken: Warum agile Teams nichts mit Business-Agilität zu tun haben, LEANability GmbH 2018

Lohmann, Detlef, Und mittags geh ich heim: Die völlig andere Art, ein Unternehmen zum Erfolg zu führen, Linde Verlag 2012

Malik, Fredmund, Führen, Leisten, Leben: Wirksames Management für eine neue Zeit, Campus Verlag 2013

Merath, Stefan, Der Weg zum erfolgreichen Unternehmer: Wie Sie und Ihr Unternehmen neue Dynamik gewinnen, GABAL 2008

Merath, Stefan, Die Kunst, seine Kunden zu lieben: Neurostrategie® für Unternehmer, GABAL 2011

Micic, Pero, Die fünf ZukunftsBrillen: Chancen früher erkennen durch praktisches Zukunftsmanagement GABAL 2007

Mintzberg, Henry, Managing, Berrett-Koehler Publishers 2011

Mönninghoff, Josef, Führen hat Folgen: selbstbewusst und erfolgreich miteinander, Pabst Science Publishers 2015

Müller, Dirk, Machtbeben: Die Welt vor der größten Wirtschaftskrise aller Zeiten — Hintergründe, Risiken, Chancen, Heyne Verlag 2019

Naisbitt, John, Mind Set! Wie wir die Zukunft entschlüsseln, Carl Hanser Verlag 2007

Nasher, Jack, Überzeugt!: Wie Sie Kompetenz zeigen und Menschen für sich gewinnen, Goldmann Verlag 2019

Nowotny, Valentin, Agile Unternehmen – Nur was sich bewegt, kann sich verbessern, BusinessVillage 2018

Obama, Barack, Dreams from My Father: A Story of Race and Inheritance, Broadway Books 2004

Oestereich, Bernd, Schröder, Claudia, Das kollegial geführte Unternehmen: Ideen und Praktiken für die agile Organisation von morgen, Vahlen 2016

Oestereich, Bernd, Schröder, Claudia, Agile Organisationsentwicklung: Handbuch zum Aufbau anpassungsfähiger Organisationen, Vahlen 2019

Permantier, Martin, Haltung entscheidet: Führung & Unternehmenskultur zukunftsfähig gestalten, Vahlen 2019

Peters, Thomas J., Waterman, Robert H., In Search of Excellence: Lessons from America's Best-Run Companies, Profile Books 2015

Pfläging, Niels, Organisation für Komplexität: Wie Arbeit wieder lebendig wird – und Höchstleistung entsteht, Redline Verlag 2014

Pfläging, Niels, Beyond Budgeting, Better Budgeting: Ohne feste Budgets zielorientiert führen und erfolgreich steuern, BoD – Books on Demand 2011

Pfläging, Niels, Führen mit flexiblen Zielen: Praxisbuch für mehr Erfolg im Wettbewerb, Campus Verlag 2011

Pfläging, Niels, Komplexithoden: Clevere Wege zur (Wieder)Belebung von Unternehmen und Arbeit in Komplexität, Redline Verlag 2015

Pink, Daniel H., Drive: Was Sie wirklich motiviert, Ecowin 2020

Precht, Richard David, Die Kunst, kein Egoist zu sein: Warum wir gerne gut sein wollen und was uns davon abhält, Goldmann Verlag 2012

Precht, Richard David, Warum gibt es alles und nicht nichts? Ein Ausflug in die Philosophie, Goldmann Verlag 2015

Precht, Richard David, Jäger, Hirten, Kritiker: Eine Utopie für die digitale Gesellschaft, Goldmann Verlag 2018

Precht, Richard David, Wer bin ich – und wenn ja wie viele? Eine philosophische Reise, Goldmann Verlag 2012

Reeves, Martin, Your Strategy Needs a Strategy: How to Choose and Execute the Right Approach, Harvard Business Review Press 2015

Robertson, Brian J., Holacracy: Ein revolutionäres Management-System für eine volatile Welt, Vahlen 2016

Rotermund, Uwe, Glücklich Führen. Schritt für Schritt zu ausgezeichneter Unternehmenskultur, noventum consulting 2013

Rosenberg, Marshall B., Gewaltfreie Kommunikation: Eine Sprache des Lebens, Junfermann Verlag, 2016

Rosling, Hans, Rosling Rönnlund, Anna et al., Factfulness: Wie wir lernen, die Welt so zu sehen, wie sie wirklich ist, Argon Verlag 2019

Sagmeister, Simon, Business Culture Design: Gestalten Sie Ihre Unternehmenskultur mit der Culture Map, Campus Verlag 2016

Schmid, Wilhelm, Glück: Alles, was Sie darüber wissen müssen, und warum es nicht das Wichtigste im Leben ist, Insel Verlag 2007

Schmid, Wilhelm, Schönes Leben? – Einführung in die Lebenskunst, Suhrkamp 2000

Schulz von Thun, Friedemann, Miteinander reden 1: Störungen und Klärungen: Allgemeine Psychologie der Kommunikation, Rowohlt 2010

Schulz, Thomas, Was Google wirklich will: Wie der einflussreichste Konzern der Welt unsere Zukunft verändert, Penguin Verlag 2017

Semler, Ricardo, Maverick: The Success Story Behind the World's Most Unusual Workplace, Grand Central Publishing 1995

Sinek, Simon, Frag immer erst warum. Wie Führungskräfte zum Erfolg inspirieren, Redline Verlag 2014

Smit, Kurt, Kottmann, Thomas, Führungsethik: Erkenntnisse aus der Soziobiologie, Neurobiologie und Psychologie für werteorientiertes Führen, Springer Gabler 2014

Smit, Kurt, Kottmann, Thomas, Von einer Wettbewerbs- zu einer Kooperationskultur: Ein Modell zur Stärkung des Kooperationsverhaltens in Unternehmen, Springer Gabler 2019

Stack, Jack, Burlingham, Bo et al., The Great Game of Business – The Only Sensible Way to Run a Company, Crown Business 2013

Strelecky, John, Das Café am Rande der Welt: Eine Erzählung über den Sinn des Lebens, dtv Verlagsgesellschaft 2018

Strelecky, John, The Big Five for Life: Was wirklich zählt im Leben, dtv Verlagsgesellschaft 2009

Sutherland, Jeff, Scrum: The Art of Doing Twice the Work in Half the Time, Random House Business 2015

Sutherland, Jeff, Die Scrum-Revolution: Management mit der bahnbrechenden Methode der erfolgreichsten Unternehmen, Campus Verlag 2015

Taleb, Nassim Nicholas, Der Schwarze Schwan: Die Macht höchst unwahrscheinlicher Ereignisse, Albrecht Knaus Verlag 2015

Taleb, Nassim Nicholas, Antifragile: Things that Gain from Disorder, Penguin 2013

Vance, Ashlee, Elon Musk: How the Billionaire CEO of SpaceX and Tesla is Shaping our Future, Virgin Books 2016

Vollmer, Lars, Zurück an die Arbeit – Back To Business: Wie aus Business-Theatern wieder echte Unternehmen werden, Linde Verlag 2016

Vollmer, Lars, Wie sich Menschen organisieren, wenn ihnen keiner sagt, was sie tun sollen, intrinsify.me GmbH 2017

Vollmer, Lars, Wrong Turn – Warum Führungskräfte in komplexen Situationen versagen, Orell Füssli 2014

von Hirschhausen, Eckhart, Glücksbringer, von Hirschhausen 2006

Wellensiek, Sylvia Kéré, Handbuch Resilienz-Training: Widerstandskraft und Flexibilität für Unternehmen und Mitarbeiter, Beltz 2011

Windscheid, Leon, Das Geheimnis der Psyche: Wie man bei Günther Jauch eine Million gewinnt und andere Wege, die Nerven zu behalten, Random House Business 2017

Wodtke, Christina R., Radical Focus: Achieving Your Most Important Goals with Objectives and Key Results, Cucina Media LLC 2016

Zeuch, Andreas, Alle Macht für niemand. Aufbruch der Unternehmensdemokraten, Murmann Publishers 2015